植物館 001

綠 野 芳 蹤

野 綠 的 實 用 札 記

林仲剛　著

文興出版事業

在多雲的日子裏，邀微風相隨，
我，喜歡悠哉地在大自然的庭園中流連；
在雨後的晴空下，浸淫清新的沁涼與舒爽，
我，總是輕鬆地便裝滿了一簍的野趣。

2005 年3月

大自然，
是一座充滿生命喜悅與驚異的寶庫，
更蘊藏著許多讚頌生命的喜悅與故事；
即使是牆縫裏一株奮力茁壯的小草，
即使是路旁一朵默默逞豔的小花，
即使是綠茵中一顆珠圓晶瑩的野果……
都可以和我們的日常生活相融和，
甚至，
可以是息息相關的。

III

這是一頁頁生活點滴的記事，
是我對周遭綠意的小小收穫與心得，
有趣味的，有感性的，有實用的，
還有一份期許的心意；
期許著
您能夠用最簡單的本能感官
去真實地體驗綠的訊息、
您可以花費最經濟的時間
去親近與探究綠的知性、
您能夠從另一個角度
去體驗與認識綠的真善美、
您可以敞開沉默與無私的心門
去收容與接納所有的綠。

不管是喜歡的或厭惡的，
不論是美豔的或單調的，
不分是巨大的或袖珍的，
與我們共同生活在地球上的綠，
都有值得您細細品味與真心珍惜的故事，
願您也能和我一同傾聽與分享……

目 錄

IV

V

發現野綠 ------------------

在得空的閒暇時刻裏，
總會有一個聲音，
牽引著對自然的嚮往與渴求。
於是，
不安於室的本性，
就隨著風與雲的方向雀躍而去了……

多雲的日子，野趣更顯青蔥

不論從哪一個角度，「自然」都是

的

大自然，原來就充滿驚異與喜悅

一個多雲的汐止清晨，雲隙間乍現著寥寥的春光，雖然稀落，卻是那麼地溫柔與耀眼。透著涼意的春風，順著窗口，一下子就溜進了被窩，酣睡的靈魂開始被騷擾得不再安穩，等待靈魂入竅的軀體也睜著眼睛發獃著。

耳際隱約又清晰的是繡眼畫眉的輕聲細語，晨喚著還是睡眼惺忪的慵懶皮囊；眼前在窗外枝椏間跳動的，是機靈又興奮的麻雀，盯稍著晨起盥洗的迅速與確實，也同時督促能夠早點兒搭上風與雲的快遞，輕鬆地悠遊於新翠的綠茵與甦活的嫩綠間。

臺北縣的汐止鎮一直擁有許多的天成自然，在北峰里的一隅更有一處依山傍水的水堰，水堰的一側已經錯落著許多老陳與新興的社區，另一側則仍為山巒環伺著；在山巒交會的谷地間還有一條悠遠的北峰溪，溪水流量並不大，水質卻是沁涼與清澈得魚蝦畢現，這正是水堰的主要水源。

想想，那些安於水堰一方社區的住戶們，真的是享福；出了家門口，只要約莫5至10分鐘的腳程，就可以熱絡於山與水的對話了，著實是非常的幸福。

人文的干擾，汐止北峰溪下游早就不再天然了。

這一個星期天，一如習慣的輕裝穿著，頂著休閒帽，揹著一壺水，呎喝著老朋友，就這樣溯著北峰溪一岸的碎石路悠哉漫步、尋幽覽勝來了。

風是輕柔的，陽光是暖和的，陪在身邊的是涼爽的水聲與悠遠的鳥語；不同於那些旅人與釣客的形色匆匆，我只是睜大著眼珠子，不時地佇足與瀏覽著就在腳邊的盎然生意；您看，那路旁默默伸直腰稈的野綠們，大大小小都是這麼敬業地演出一幕幕自然的雀躍。

汐止北峰溪的上游是私有地，卻是林相蓊鬱，還藏有一方水澤。

毛葉西番蓮是廢耕
荒地的常客

野　綠

　　就字面而言，指的就是那些不經過人工栽培與管理，自然而然地就生活在山林、郊野，甚至是居家四周的溝渠、路旁與荒地間的植物；一般人總以爲它們就只是野草而已，實際上，有許多的野綠早就已經融入我們的日常生活中了，它們有的是可以當作一般的蔬菜來食用，有的是具有一定的療效，可以供作藥用，有的則是因爲擁有既定的價值而被應用在商業與工業上……，甚至還有許多具有毒性的野綠，也經常被使用在民間的傳統習俗與技藝裏。因爲應用的範圍廣泛，對於那些可以吃的，或是可以供作醫藥的野綠，我們通常喜歡統稱它們叫「野菜」。

　　發現野綠，其實多少都是隨興的，當然，也多少都會有一點點的預謀；總是得看當下的目地而定啦！

　　大體的説，在有點遮蔭又有些潮濕的環境中，野草總是會長得比較多也比較壯碩，譬如說溪流邊岸，譬如說森林邊緣的草生地，譬如說農作區如耕地、果園、茶園、魚塭等等的四周……，即使是廢耕的荒地或都會區裏的綠地與路旁，也總是有許多的野草生活著。因此，不一定要到遙遠的窮鄉，也沒有必要刻意去造訪僻壤；事實上，在我們熟悉的公園裏或是道路的兩旁，都可以讓我找到許多的野趣。

山野路旁是倒地蜈蚣最佳的舞台

郊野溝豁間，自有許多天成的野趣。

山芙蓉是低地林地間常見的大型野花

淡泊的陽光,迎接著臺灣百合的新生。

臺灣蒲公英經常就長在公園的一角

有風，有雲，陽光淡泊；

友朋，友誼，心緒輕鬆。

悠哉的大自然，悠哉的綠野過客，

眼前的生意，都是一篇篇生命的歌⋯⋯

昭和草成熟的果實

昭和草
Erechtites valerianaefolia (Wolf) DC.

菊科(Asteraceae, Compositae)

　　率先映入眼簾的是開花中的昭和草，它大概是路旁最容易被發現的野菜了，橙紅而低垂的花序像極了少女羞紅了的臉頰，老遠就讓人眼睛為之一亮。

　　隨手摘取一段昭和草的嫩莖，邊走邊剝下莖的外皮，隨興地就邊吃起來了，迎著齒頰所散發出不同一般的香氣，口不再乾渴了，精神抖擻起來了，腳步也輕快了。

　　昭和草為一年生的草本植物，從種子萌芽到開花老死，約莫是兩、三個月的光景而已；然而，它的生命力卻十分強悍，種子幾乎可在任何的時間與環境中萌芽，即使是水泥牆的裂縫間也不例外。因此，臺灣一整年裏都可以輕易地見到昭和草的影蹤。

　　有一則關於昭和草的故事，說是二次世界大戰期間，由於當時仍是「日據」的臺灣，民生物資相當的乏困，為了抒解日愈沉重的民生壓力，日軍於是利用空撒的方式，在臺灣的上空將昭和草的種子大量散播，於是，臺灣各處就都可以看到昭和草了。故事的可信度有多少，那就見人見智了。

昭和草羞紅了的花序

昭和草另外還有一個名字，叫做「山茼蒿」，是有名的山珍美味，也是許多山產店招攬生意的招牌菜之一；它的嫩芽、嫩葉、嫩莖和花序都是可以吃的，炒一盤的售價大約在新臺幣一百至二百元之間。一些常見的料理，嫩芽與嫩葉是直接與香菇絲、薑絲素炒，或與蒜泥、肉絲葷炒，也有用沸水氽燙熟後直接沾沙拉醬或各式沾醬來吃的；嫩莖則必須先剝去外皮、切段，大多是醃漬製成醬菜來食用，也可以拿來煮湯或炒肉絲；嫩的花序則可以和上麵糊，以文火油炸或煎成蔬菜餅食用，相信只要是吃過的人，都不會忘記它的美味。

昭和草幼嫩的植株

昭和草成熟的植株

　　昭和草的全株還具有一股很特別的香味，這也是採摘野菜時一項很重要的竅門；因為，許多種的野菜都具有類似的味道。譬如開著粉紅色花序的饑荒草 (*Erechtites hiera-cifolia* (L.) Raf. *ex* DC.)，全株便具有同昭和草一樣的特別香味，當然，它也可以比照著昭和草的食用方法來作料理，美味也不比昭和草遜色喔！

生命力強健的昭和
草，即便是石礫地
也可以茁長。

香煎昭和草花

材料：鮮嫩的昭和草花序、麵粉或熱狗粉、雞蛋，以及少許的水、
　　　鹽與胡椒粉。

作法：一、將雞蛋打入麵粉或熱狗粉中，調勻成麵糊，必要時加入
　　　　　少量的水。

　　　二、調勻的麵糊加入適量的鹽與胡椒粉。

　　　三、將清洗乾淨的昭和草花序放入調勻的麵糊中，輕輕的拌
　　　　　勻，讓昭和草花序都能夠確實沾到麵糊。

　　　四、煎鍋預熱一至兩分鐘，倒入適量的食用油。待油熱，把
　　　　　爐火調至中或文火，便可以將沾滿麵糊的昭和草花序逐
　　　　　一放入鍋中或煎或炸。待麵糊呈淡淡的金黃色，便可以
　　　　　起鍋了。

　　　五、享用時，可以再沾上少許的蕃茄醬或胡椒鹽，味道更好
　　　　　。

飛機草具有和昭
和草相同的香
氣，美味也不遜
昭和草。

心 情 記 事

綠
野
芳
蹤
13

　　不遠處的一塊荒蕪空地，已經是許多植物的家了，在萋萋蔓草之間依稀可以見到高壟的田埂與園圃，這裏應該是廢棄已久的耕地。只要是時間充裕，我也很喜歡到這些地方探索，就在雜亂的青蔥間，注注都會有教人意想不到的收穫。

　　眺望著昭和草搖曳生姿的浪潮，參差著許多不同的身影，信步走去，這才發現一株株的野莧菜也已經長得到處都是，而且十分的壯碩了。

野莧菜

Amaranthus viridis Linn.

莧科(Amaranthaceae)

　　這些野莧菜也是一年生的草本植物，與我們日常所食用的莧菜外觀極為相似，於是有了這個名字。它的葉片互生，具有長的葉柄，質地薄且無毛，顏色則深綠而不同於食用莧菜的青綠色；花序由極為多數的小花密集集結而成，著生於莖與側枝的頂端；花白綠色，細小而不醒目。

　　野莧菜既然長得與食用莧菜這麼相像，當然也是口味不差的野菜；它的幼苗、嫩芽、嫩莖葉，甚至花序、種子等都是可以食用的，而且味道一點也不會輸給食用的莧菜：清洗後的幼苗、嫩芽，以及嫩莖葉，通常是先用煮沸的鹽水淋燙以軟化纖維，或直接就與薑絲、香菇或洋菇的切片等素炒，或再加入肉片葷炒，也可以切碎後與吻仔魚一起煮成羹或湯，甚至拿來煮各種口味的稀飯。嫩莖去皮、切段後，一般是醃漬成小菜心食用，有些山產店則是與豆豉、蒜頭、小辣椒、肉絲等混炒的，售價一盤平均是二百元。新鮮的花穗酥炸，味道特別且鮮美，也可以直接煮湯或煮麵。老熟的花穗曬乾後，可以收集果實。果實去皮，可以直接煮食，或磨成粉用來煮粥或製作糕餅等。

　　野莧菜還有一個長相十分近似的兄弟，叫做刺莧（*Amaranthus spinosus* Linn.），也有人叫它假莧菜。這兩兄弟最大的不同點，在於野莧菜全身上下沒有棘刺，而刺莧的身上

野莧的外觀酷似我們食用的莧菜

卻是處處長著長短不一且尖銳的棘刺。刺莧棘刺的尖端很容易折斷，棘刺一旦扎到肉身，其尖端經常會因為人體本能反應的肌肉緊張而被留在皮膚內層，進而造成紅腫或發炎，算是野地間的小小陷阱；因此，在您準備採摘野莧菜的當兒，還是得先小心一點的確認。

　　既然是兄弟，刺莧當然也可以食用，只是摘取時得避開他身上的那些棘刺。至於吃法，則跟野莧菜幾乎是一樣的。此外，在一些民間的食療法中，刺莧全草可以與羅勒（九層塔）的根一同燉雞或豬腸，對於婦女疾患如白帶、月經不調等可是頗具療效的喔！

記得，刺莧的莖節上有長長的棘刺，故得名：野莧則否。

刺莧是野莧的攣生兄弟，不易區分。

金蓮花的生命，其實只
有短短幾個月而已。

一年生、二年生與多年生植物

一年生植物

　　植物的一生，從種子萌芽、茁壯至開花、結實，乃至枯死，時
間不超過一年者。許多常見的花壇四季草花如矮牽牛、美女櫻、金
蓮花、夏菫等等，都屬於此類，生命期通常只有短短的三、五個月
而已。

二年生植物

　　也稱做越年生植物，植物的一生，在種子萌發、茁壯之當年並
不開花，而必須越過當年的冬季，直至次年才會開花與結實，乃至
死亡者。這類植物的種子多在秋季發芽，經過冬季低溫的春化作用
以刺激花芽的生成，來年春天才開花，待果實、種子成熟，植株亦
走入衰老。一些秋播的花卉如康乃馨、香雪球、瓜葉菊、荷包花
等，都屬於此類。

多年生植物

　　舉凡植物的身體上有某器官可以生存達二年以上者，不管是草
本如百合、睡蓮，或是木本如玫瑰花、榕樹等，都屬於此類；植物
的生命可以長達數十年，甚至幾千年，端視生活環境的條件來決
定。

花壇應用的四季草花，多是一年生植物。

荷包花是秋季播，春季開
的花卉，是二年生植物。

美豔的紫陽花，是屬於多年生的花卉。

往廢耕地的外圍走去，冷不防地，感覺到衣服的袖口與褲管傳來輕微的針扎，低頭檢視，這才發現原來袖口與褲管上已經沾滿了扎人的種子了……

在野地間活動，總是無法避免地會碰上一些惱人的事兒。這些會產生具有糾纏能力的種子的野草，總是教人印象十分深刻；因為，它們的種子常常喜歡糾纏著過往的遊客，或是攀著它的皮毛，或是勾著您的衣褲。所以，許多人在草地上翻滾、奔馳，或者散步以後，總會很無奈地或彎著腰、或低著頭的坐在大石頭上或是馬路旁邊，忙碌的清理自個兒的衣袖與褲管，一個不留神，或許手還會被種子上的小刺給刺傷呢！

田埂間雜亂的青蔥，往往會有教人意外的野趣。

鬼針

Bidens pilosa Linn. var. *monor* (Blume) Sherff

菊科(Asteraceae, Compositae)

綠
野
芳
蹤

21

在這麼多煩人的玩意兒當中，引起最多注意的，應該要算是鬼針草了；因為，它和昭和草一樣具有十分強悍的生命力，甚至要比昭和草更耐旱，也是幾乎可以生活在任何的環境中的一種野草；在臺灣中、低海拔的地區，早已經是一種無處不生的野花了。

鬼針草最教人頭痛的，當然是它的種子；因為在它的種子的頂端具有兩根短倒鉤，使得它天賦了一流的黏人功夫，而且還會學那些「恰查某」不時地扎您一下，好似隨時提醒您不得忽略了它的存在，進而藉由您的拔取與丟棄，到處擴張生長的地盤。

不過，鬼針草的種子雖然很煩人，它的汁液也具有很強的苦味，可是，鬼針草卻是一種應用很廣泛的野菜與青草藥。它的嫩芽與嫩莖葉是經常被利用的求生野菜，通常是先用鹽水浸泡，或先用鹽巴搓揉，或先以加鹽的開水略煮後再浸入冷水中泡冷，藉以軟化植物的纖維並去除植物體內的苦澀味；在山產店裏，通常都是直接與薑絲素炒，或是與蒜泥、辣椒丁、肉絲等葷炒。曬乾的全草，則可以拿來煮青草茶或苦茶，當作平常的飲料，是夏日清熱、解毒的飲料聖品；具有消炎、解熱、利尿等功效，對於腸胃炎、盲腸炎、黃疸、肝病、糖尿病等也有一定的療效。如果您怕苦的話，則可以兌蜂蜜服用，或是飲用後再口含仙楂片解苦。

大白花鬼針的外觀與鬼針草十分相似，不過，它的單性花不是早衰型且大得多了。

此外，將新鮮的鬼針草葉片搗爛外敷，還具有消腫、拔膿、生肌等作用，對於體外輕度的機械性或物理性創傷，都有不錯的療效。

　　同野莧菜的情形一樣，鬼針草也有一個長得十分相似的家族兄弟，叫做白花鬼針或大白花鬼針（*Bidens pilosa* Linn.）。有趣的是，在實際的應用上，兩者也頗為相近。

　　這對兄弟的莖都是方形的，葉片都具有長的葉柄並且為羽狀複葉，羽片的邊緣都有粗的鋸齒。兩者最明顯的差別，是在花序的部份。

　　這兩種鬼針草的花序都是由兩種花所組成，一種是排列在花序外圍一圈的舌狀花，是一種擁有白色花冠且只具有雄蕊的單性花，數量少；另外一種是集中在中央部位的管狀花，呈黃色，是同時具有雄蕊與雌蕊的兩性花，數量多。其中，鬼針草的舌狀花的白色花冠甚小，而且是早衰型的；大白花鬼針的舌狀花的白色花冠卻是大而醒目，且存留的時間可達數天之久。

鬼針草果實上的倒鉤造型猶如乩童常用的鯊魚齒劍

鬼針草的種子頂端有兩根短的倒鉤，可以輕易地粘在動物的皮毛或是我們的衣褲上。

金盞花是菊花家族的成員，外圍橘黃色的部分是單性花，
中央褐色部分則是兩性花。

菊　花

　　一枝菊花其實是由許多朵的小花，共同聚集在枝條的頂端所組成的一個花序，叫做頭狀花序；這些小花因為功能與形態上的明顯不同，又區分成兩種：在菊花花序外圍的小花，具有大形且顏色鮮明的花瓣，花瓣彼此又癒合呈狀如舌頭一般的花冠，因此又叫做舌狀花；在菊花花序中央的小花，花瓣則是小且不明顯，彼此更癒合成管狀的花冠，因此又叫做管狀花。

　　菊花的舌狀花只具有發育不完全的雄蕊，是一種單性花；管狀花則具有發育良好的雄蕊與雌蕊，是一種兩性花。所以，一個菊花的花序，只有中央部分的管狀花會生產果實與種子，外圍舌狀花的主要功能，則是誘引蟲媒以幫助管狀花授粉。

向日葵中央部位才有兩性花，
所以果實只生長在中央部位。

一支菊花是由許多小花聚集而成，圖中的每一
黃色的部份都是一朵花。

心情記事

綠野芳蹤
25

紫莖牛膝的果穗是很長的

　　趕緊躲到樹蔭下，趕忙地將袖口
與褲管上扎人的「恰查某」一一挑
起，信手的當兒，也正好為這些鬼針
草散播新的世代。

　　同行友伴那廂也是一臉的無奈，
挑、拔、甩、丟之間，倒還有心情的
問：「在臺灣的野地裏，這樣子的植
物多不多啊？」「嗯！還有不少的野
綠都是這方面的佼佼者嗳！」我正經
八百地回答著，那廂已經換了一臉錯
愕。

　　說起「黏人」這玩意兒，在臺灣
的低地平野間，其實是有許多很平常
的個案的，諸如……

蒼耳

Xanthium strumarium Linn. var. *japonica* (Widder) Hara

菊科(Asteraceae, Compositae)

　　蒼耳的果實也是搭便車的高手，它是整個果實的表面都密佈著鉤刺，所以「黏人」的功夫，也稱得上是一流的；稍微一個不謹慎，不管是您的衣褲，或是飛禽與走獸們的羽翼與皮毛上，都很容易被蒼耳密佈鉤刺的果實牢牢「釘」住，並且將它的種子帶往各處。

　　在傳統的民間耳語中，也流行著這樣的傳說；說是羊兒因為喜歡鑽入草叢中覓食，身上不時地都會沾上蒼耳的果實，而隨著羊兒四處遊走的習慣，蒼耳的果實與種子也就順便得到了四處播散的機會；所以，蒼耳也有一個十分有趣的俗名，叫做「羊帶來」。

　　雖然蒼耳的果實長得一副猙獰的面目，蒼耳卻仍是一種相當實用的野草。在許多的農家，有心的人偶爾會採收蒼耳的嫩葉做蔬菜食用。通常是先用加鹽的開水汆燙以去除苦味並使之軟化，再佐以薑絲、蒜泥、辣椒丁、豆豉、魚乾等大火快炒；吃起來微苦中帶有些甘味，是農忙之後補充體力與去熱消暑不錯的食品。在客家庄中，蒼耳的種子也常被使用，一般是將種子先用文火炒黃，剝去外皮，再研磨成末，混入麵粉拌勻，便可以拿來或烤、或蒸的作成各式的糕餅；除此以外，也有人把它混入麻糬中，以變化口味。

　　依藥書的記述，蒼耳的全草具有散風、止痛、解毒等功效，用水煎成湯劑飲用，對於風邪、頭痛等都有療效。它的根含有糖甘的成分，經實驗的證實，是具有抗癌作用的；一般是搗爛外敷，用來治疔瘡；若煎成湯劑飲用，則對於高血壓、腎臟炎等也都有療效。

應用在野外求生方面，比較常使用的則是蒼耳的莖葉，它的浸液是天然的收斂劑，對於物理性與機械性外傷的急救，有一定的療效；也可以直接搗爛，再過濾出汁液來使用，可以治療各種的皮膚病以及皮膚騷癢。

蒼耳葉片的形態其實是很優美的

蒼耳的果實密被倒刺

紫莖牛膝

Achyranthes asprea Linn. var. *rubrofusca* Hook.

莧科(Amaranthaceae)

　　還有一種叫做紫莖牛膝的野草，果實「釘」人的功夫更比鬼針、蒼耳等要得許多；它的果實是倒掛在花序總柄上的，並且外披著宿存的苞片與萼片，而萼片的先端則是又硬又尖，很容易就可以「刺」入過往行人的衣褲，再藉由對人的侵擾，並隨著您的拔取、丟棄而到處散播。

　　在全省低海拔的山野、荒廢地，甚至道路旁，紫莖牛膝都是相當普遍的植物，有時甚至可以高達一公尺以上。它的全身披有短茸毛，莖枝為方形，紫褐色至紅褐色，所以叫做紫莖牛膝；葉片對生，具有典型的波浪狀葉緣，並經常帶有些微的紫色；花序頂生，花小形且不具花瓣，是很容易教人印象深刻的野綠。

　　雖然教人討厭，紫莖牛膝也是一種相當實用的藥用植物。它的根部具有健胃、祛風濕、利尿等的效能，莖葉則具有解熱的功效。在一般的養身食療方面，喜歡取紫莖牛膝的根部與瘦肉燉煮，趁熱服用，具有祛風、活血的作用，可以用在治療風濕、筋骨痠痛、糖尿病等方面，對於感冒、夢遺等，也有不錯的療效。此外，新鮮的莖葉則可以搗爛之，作為腫瘡的外敷藥。

　　紫莖牛膝有一個長得很相似的兄弟，叫做土牛膝或印度牛膝（*Achyranthes asprea* Linn. var. *indica* Linn.）；兩者最明顯的不同，在於土牛膝的莖與葉片都是鮮綠色的，紫莖牛膝的莖則多是呈紫褐色且葉片深綠並常帶有紫色；其次，土牛膝的葉片為倒卵形，而紫莖牛膝的葉片則為長橢圓形。

在民間青草藥的使用上，土牛膝一般只取用它的根部而已；入秋後，挖取根部洗淨、曬乾後備用。一般是與已曬乾的九層塔根一起燉煮烏骨雞食用，在促進小兒發育方面，是一帖效果不錯的藥膳。

紫莖牛膝也叫作「臺灣牛膝」

牛膝家族的果實作倒掛式排列，可以方便附著。

土牛膝的葉子較紫莖牛膝短且圓胖

九層塔的花小型而潔白，十分可愛。

九 層 塔

　　正名為羅勒（*Ocimum basilicum* Linn.），一稱零陵香，隸屬唇形科(Lamiaceae, Labiatae)，是民間栽培十分普遍的一種香料植物，也是常見的家常蔬菜。嫩芽與葉子可以煮湯、蒸魚、炒三杯、煎蛋、油炸，也可以剁細，再拌入各種調味料作成美味沾醬；新鮮的花穗，與蛋汁調勻，再沾上少許起司粉、熱狗粉，或油炸粉，以熱油、大火炸至微黃即可起鍋，配上胡椒鹽或蕃茄醬食用，味道美絕了。老熟且木質化的植株，可以連根拔取、洗淨、晾乾備用，是一般家常燉補藥膳常用的素材，諸如九層塔雞、羅勒豬腳、羅勒茶等等，用的便是羅勒老熟植株的根部；對於助長筋骨發育，治療筋骨酸痛、跌打損傷、遺精等等，都有不錯的功效。

九層塔已是家常的香料植物了

九層塔鮮嫩的花序可以油炸食用

心情記事

忍著皮肉的輕輕刺癢，掙扎
地走出鬼針的地盤，只想早一刻
擺脫這「恰查某」的糾葛與欺
凌。走到了這塊廢耕地的外圍，
突然有著重見天日的喜悅……喘
一口氣，也趕緊找個乾乾的位子
坐下，方便動手清除褲管上的不
速之客。眼光流轉間，就在這個
顯得乾涸的角落裏，幾株的土人
參卻是無懼地生長著，它的生命
力是倔強的。

土人參的花序與果實

土人參
Talinum triangulare Willd.

馬齒莧科(Portulacaceae)

　　土人參總是這種惡地的常客，爲了要在這種惡劣的環境中生活，它的根部於是爲了能夠屯積較多的水分與養分而長得肥大，外觀更是如同人參一般，這正是「土人參」名字的由來。

　　在臺灣，土人參可是低地平原，乃至中海拔山區到處可見的一種野生植物，然而，它卻不能算是臺灣土生土長的原住民。實際上，土人參是在西元１９１１年由熱帶美洲引進臺灣栽培的一種食用植物；只是，或許是因爲當時國人對於多膠質類的蔬菜接受度比較差，故而當其時的土人參就沒有得到民間與市場廣泛的青睞與推廣，專業栽培面積於是快速減縮了。

　　不過，由於土人參對臺灣環境的適應極爲良好，不但果實的產量驚人，種子的發芽率更是極高；因此，隨著種子的到處散播，於是，在越來越多的野地間，都能夠看到土人參的芳蹤，儼然已將臺灣當做另一個家鄉了。

　　土人參爲一至多年生的宿根性草本植物，植株全體肥厚、多汁，是一種相當耐旱的植物。葉子互生，有光澤，全緣；花朵多數，小，紫紅色；果實球形，成熟時呈褐色。肥大的主根是常

土人參的植株

見的民間食材，具有潤肺、止咳、健脾等功效，對於咳痰帶血、盜汗、尿毒等都具有療效。習慣上，通常是在秋天，當土人參的地上部凋零的時候，才挖取土人參的根部，洗淨、剪除細根、刮皮、蒸熟、曬乾以後，便是真正的土人參了。取土人參根約二兩，配以豬肚燉煮，趁熱食用，是治療盜汗症的常見藥膳食譜；一般農家的習慣，則喜歡將新鮮的主根直接浸泡於高粱酒中，作為平時的養身食品。

　　除了根部可以供作藥用之外，土人參新鮮的葉子或全草，用途也不少。鮮嫩的芽與葉子，洗淨後可以直接與麻油、薑絲素炒，或拿來炒肉絲等，是很美味的菜餚，據說還具有通乳的功效呢！不過，在鮮炒土人參的葉子時，最好保持葉片的完整，千萬不要切段或折斷，以免葉片內的膠質外沁過多，影響了佳餚的口感。此外，也可以將葉子搗爛，再和入紅糖調勻，拿來外敷患處，對於膿瘡或腫疔等，療效甚佳。

土人參田雞盅

材料：新鮮的土人參全草約二至三兩配田雞一隻，餘等比例增加；老薑兩至三薄片，以及少量的高粱酒或米酒。

作法：一、將土人參全草洗淨、晾乾，備用。

　　　二、田雞去頭、皮與內臟，洗淨，備用。

　　　三、將田雞、土人參、老薑薄片依序擺入陶瓷盅或不鏽鋼鍋中，加入適量的水與少量的酒。

　　　四、以陶瓷盅或不鏽鋼鍋直接於瓦斯爐以中火燉煮，或置於電鍋中蒸燉。瓦斯爐燉煮約一至二小時，電鍋蒸燉以一至一碗半的水量即可。

　　　五、起鍋後宜趁熱食之，對於尿毒病、糖尿病等具有一定的療效。

心 情 記 事

馬齒莧全株肥厚多汁

　　失神地看著土人參在微風中舞曳，竟給囂張的小蚊子可趁之機，手臂上不知什麼時候多了幾個腫包，癢得難受呢！

　　突地，心血來潮，隨手就摘下一片土人參的葉片，輕輕揉搓幾下，讓葉汁滲出，順手便往蚊蟲叮咬的紅腫敷下，一股無法形容的沁涼，漸漸地消退了熱、癢的感覺，不耐癢的煩躁也頓時獲得了平撫。

　　就在離土人參不遠的角落裏，一朵朵黃色的小花兒吸引了我的目光，也引領我冀盼的心去一探究竟。原來是可愛的原野小精靈馬齒莧。

馬齒莧　*Portulaca oleraceae* Linn.

馬齒莧科(Portulacaceae)

　　可不要看馬齒莧一付其貌不揚的模樣，在中國耳熟能詳的民間故事章回小說中，它可是幫助苦守寒窯的王寶釧熬了十八載的大功臣，在民間的傳說中，王寶釧幾乎每天都是野採馬齒莧來裹腹充饑的，所以，馬齒莧又有「寶釧菜」的美名呢！

　　馬齒莧是一至二年生的草本植物，對於環境的適應力十分地強韌，在全省低海拔乃至濱海地區的惡劣環境中，是相當常見的野綠，而且仍然可以長得壯碩茂盛，於是也叫做「長命菜」。在傳統養豬人家的習慣中，更是經常會採摘馬齒莧充作豬飼料，在豬仔的養成上算是經濟又實惠的，農家於是給它取了「豬母乳」的別名。

馬齒莧又稱為寶釧菜

　　長成的馬齒莧，植株大多作匍匐橫生。莖粗壯，多肉質，具有多數分枝，除了葉腋以外，全體光滑無毛；在強日照、少水份的環境中，莖枝會帶有紅色，在弱光、多水份的環境中，莖枝則殆為清綠色。葉厚質，多汁，全緣，葉面深綠而邊緣處常帶有紅色。花小型，著生於莖枝頂端，約莫在早晨日照初始綻開，近午時分便凋謝；花瓣五枚，黃色。果實成熟後會自動裂開，恰如打開蓋子的容器一般，稱之為蓋

松葉牡丹的葉子與毛馬齒
莧同，只是大得多而已。

裂，內部的種子則隨之播散而出。
種子小且多數，黑色。

　　除了供作飼料外，馬齒莧其實
也是一種鮮美的野菜與中醫的藥
材。幼苗與嫩莖葉洗淨後，可以直
接與麻油、薑絲素炒，或拿來與肉
絲、蒜泥、豆豉等葷炒，也可以取少量用
於蒸蛋與煮湯，味道都很不錯喔！在藥理上，馬
齒莧具有解毒、利尿、消炎等功效，也經常出現在各種皮膚病
與婦女病的處方箋中；在野外求生方面，馬齒莧往往也是外傷
止血的急救藥，通常是取新鮮的莖與葉搗爛，或逕自咀嚼，再
直接敷於患處，對於創傷流血或膿瘡、腫疔等，都具有甚佳的
療效。

　　馬齒莧有一位也是十分常見的兄弟叫做毛馬齒莧
（*Portulaca pilosa* Linn.），一樣也是能夠耐乾旱、貧瘠的環
境，一樣也是生長與繁殖都很迅速的野綠。不同的是，馬齒莧
的葉子為寬且扁的倒卵形或湯匙形，毛馬齒莧的葉子則為狹窄
的線狀披針形；馬齒莧的花為黃色，毛馬齒莧的花為紫紅色；
馬齒莧僅在葉腋處有
少許毛，毛馬齒莧則
是全體被有白毛。

　　應用上，毛馬齒
莧鮮少被取作食材，
倒是比較常見於家庭
園藝中，是理想的個

馬齒莧花朵雖小卻色澤鮮
黃，還是很醒目的野綠。

人創意盆栽、迷你盆栽，以及盆景綠化的絕佳選財；也見於
民間的青草藥，卻不普遍，一般是應用在急性痢疾的治療，
偶爾則充作消腫的外敷藥。

大花馬齒莧早已是花壇常見的草花了

仙人掌的葉片早落或
演化成針刺狀

造型奇特的綠珊瑚
制一種多肉植物

多肉植物與仙人掌

　　多肉植物是泛指那些身體裏面具有可以貯存多量水
分的器官的肥厚植物而言，就形態來看，也可以說是植
物界裏造型最爲多樣且奇特的一群；它們的自然分佈遍
及了全球的乾旱地區，其中，又以西南非洲的種類最爲
豐富。

　　仙人掌則是多肉植物裏面的一支，是專指仙人掌科
的植物而言，植物體的葉片全然演化成針刺狀，而能與
一般的多肉植物有著明顯的區隔；它們可以說是美洲的
特產植物，原生地幾乎全都在美洲大陸，又以陽光充
足、氣候乾燥的墨西哥高原分佈最多。

　　當然，不管是多肉植物或是仙人掌，在標本的製作
上，都是不能直接壓於厚重的書本裏頭的；否則，植物
體因壓力而滲出的汁液，將會使得書本相當難堪。

心情記事

風，還是涂涂地送著暖意。順著風的方向望去，遠處一簇簇迷濛的紫蘊也應和著風柔順地搖曳著，牽引了好奇的驛動，就這樣一步步地走了過去，直到這紫色小花的盛宴教眼前驚豔，原來是一片紫花酢漿草花海。

紫花酢漿草

Oxalis corymbosa DC.

酢漿草科(Oxalidaceae)

　　這種名字叫做紫花酢漿草的野花，在臺灣的低海拔地區，不論是居家的庭園綠地，或是郊野路旁，都可以輕易地見到它的錦簇花團，是一種相當普遍的野花；它的葉子是由細長的葉柄與三片心形的小葉所組成，相當容易辨認，同時也是兒時玩「拉拔」遊戲用的天然材料。在一般人口中所謂的幸運草，指的正是具有四片小葉的紫花酢漿草的葉片；據說只要找到了它，您將會有一整天的好運呢！此外，葉柄拿來搓擦銅板，含在葉柄裏面的汁液還能夠有效地去除銅板上的污垢，您不妨試一試喔！

　　除了好看的花朵，紫花酢漿草其實還是一種好處多多的野花兒，不但花與葉子可以拿來作菜，躲在地下肥厚的根也是不錯的補品。鮮嫩的花序與正開的花朵，可以生食，味道微酸，十分可口；可以直接沾裹麵糊，以文火油炸或煎成花餅，配上蕃茄醬食用，味道也不賴。幼嫩的花朵與葉片（不含葉柄）以30－40℃的溫水沖洗乾淨，可以作成生菜沙拉的拌料，或拿來炒蛋。清洗乾淨的葉柄可以生吃，味道酸中帶甜，是野外生津止渴的小點心。肥厚多汁的根部狀如袖珍型的人參，洗乾淨後，可以生吃，可以煮湯，也可以拿來浸酒或燉補品。

　　另外，紫花酢漿草還具有散淤消腫的功效；在野外求生的應用上，通常是採取新鮮的紫花酢漿草全草，搗爛後外敷在傷患的部位，可用作輕至中度燒燙傷的急救藥。

　　還有一件事也必須加以澄清，就是紫花酢漿草與酢漿草（*Oxalis corniculata* Linn.）其實是完全不同的兩種植物。由於

名字上的雷同，加上這兩種植物的葉子外形幾乎一模一樣，還有就是民間長期的誤用；因此，紫花酢漿草便一直被誤指是酢漿草，而酢漿草卻一直是有名無份。

　　仔細比較紫花酢漿草與酢漿草，其實差異是很大的：紫花酢漿草的地上部沒有莖的構造，葉子叢集，葉柄長，小葉大，花紫色，種子很少發現，地下部有鱗莖與特別肥大的貯存根；酢漿草具有匍匐性的莖，葉子對生，葉柄與葉片都比紫花酢漿草來得短與小，而且葉片有時會呈紅色，花黃色，很容易產生種子，地下部沒有鱗莖與肥大的貯存根。

　　紫花酢漿草在園藝界也很受歡迎，並且有許多的園藝改良品種在坊間流行著，這些品種的小葉有三片的，有四片的，也有四片以上的；只是，它們的小葉大都是呈紫紅色或帶有紫斑的。

　　不管是野生的或園藝改良的紫花酢漿草，都是喜歡陽光的植物。通常是用它的地下鱗莖繁殖，種植時，最好是選用排水性良好的培養土，花市兜售的陽明山土或綜合有機培養土，都是經濟實惠且效果不錯的介質。將土壤填入花盆中，八分滿即可，再將鱗莖埋入土壤中，便算是完成栽種的手續了。充份灌水後，可以直接擺在陽台上，大約一兩星期就會長出新的葉子了，春夏則是它花開得最美麗的季節。

紫花酢漿草的花可以作為生菜沙拉的素材

酢漿草的花是黃色的

紫花酢漿草的軸根肥大，可以生食。

酢漿草是生命力強健的野綠

酢漿草生菜沙拉

材料：鮮嫩的酢漿草葉片、胡蘿蔔絲、西洋芹片、少量的花生粉
　　　與葡萄乾、千島沙拉醬或一般沙拉醬。

作法：一、將酢漿草葉片、胡蘿蔔絲、西洋芹片、約一半量的葡
　　　　　萄乾等放入大碗中，充分拌勻。

　　　二、在拌勻的混合生菜上淋上沙拉醬。

　　　三、最後再把花生粉與另外的葡萄乾均勻地撒在二項的上
　　　　　頭，便可以上桌了。

就在紫花酢漿草盛宴的背後，一座老舊房舍的磚牆裂隙中，有一叢鮮綠的生意燦然地隨微風舞動，把那顯得頹圮、呆調的磚牆綴得是熱鬧盎然。

倔強的生命，才是真正的強者，那怕環境是多麼地嚴苛，只要有一點的機會，我就能夠展現我炫耀的風采；牆縫中的這一位強者，就叫做鳳尾草。

箭葉鳳尾蕨的營養蕨葉，在葉軸上沒有翅。

鳳尾草
Pteris sp.

鳳尾蕨科(Pteridaceae)

偶爾，在都會公園的排水溝側壁上，也可以發現這一群稱為鳳尾草的蕨類植物，它們強健的根系很能夠紮實地深入磚牆與岩壁的裂隙間，使植物體得到完全的固著，其多數的葉片也得以放心地舒展。

鳳尾草的葉子是近生至叢集的，屬於二回的羽狀複葉；位在複葉前端的頂羽片，往往具有延展的情形，就好像雄性雉鳥的尾羽一般。鳳尾草的名字，也正是因此而來的。

鳳尾草的羽狀複葉因為功能的不同，又分成了營養葉與孢子葉兩種：營養葉各羽片較短而寬闊，只專司營養分製造的工作；孢子葉各羽片為細長形，邊緣反卷並將為數眾多的孢子囊群包裹起來，同時兼具了養分製造與繁衍子代的能力，是鳳尾草的另一個顯著的特色。

這些俗稱鳳尾草的蕨類植物，其實是有兩種的，即箭葉鳳尾蕨（*Pteris ensiformis* Burm.）與鳳尾蕨（*Pteris multifida* Poir.），都是臺灣全省低海拔地區相當普遍的植物，只是，因為土地開發浮濫，族群已經顯著減少了許多。

鳳尾蕨與箭葉鳳尾蕨不但生育環境與分布情形相近，在外觀上，也因為酷似而經常教人渾淆不清；這裏，提供您幾個簡單的分辨方法，就是鳳尾蕨蕨葉的主葉軸上有翅的構造，而箭葉鳳尾蕨則沒有。其次，鳳尾蕨的營養葉與孢子葉外形近似，而箭葉鳳尾蕨的營養葉與孢子葉外形卻有著很大的不同。

箭葉鳳尾蕨的孢子葉，
羽片呈線狀。

傳氏鳳尾蕨，也有
人叫它做鳳尾草。

關於實用方面，鳳尾草鮮嫩
的蕨葉與蕨葉的卷曲部分，都是
可以被取用的，洗淨後可以直接
與蒜頭共煮，或拿來煮麵、煮湯
等等；或先用沸水燙熟、漂冷備
用，可以直接沾調味沾醬食用，可以
與薑絲素炒，也可以與豆瓣醬、蒜頭、辣椒、肉絲等葷炒。老
熟的蕨葉也可以使用，通常是連同葉柄一起剪取，洗淨、切
段、曬乾後備用，一般是拿來煮青草茶，或取代茶葉沖泡飲
用，具有解熱與止痢的功效，是夏季清涼的健康飲料。

還有一種叫做傳氏鳳尾蕨（*Pteris fauriei* Hieron.）的，偶
爾也是有人叫它做鳳尾草，在臺灣全省低海拔地區也是相當普
遍的植物，只是，它比較常出現在河床的陰濕地、濱海地區的
潮濕草生地，或鄉間土牆的基腳處等。與前面的鳳尾草比較起
來，傳氏鳳尾蕨可是位大個兒，而呈二回羽狀裂葉的蕨葉最基
部一對羽片的下緣，往往有多長了1－3片的小羽片，是辨識
本植物的基本特徵；除此之外，羽軸上常長著成對的軟刺，也
是本植物的特色之一。

傳氏鳳尾蕨是野外求生經常會用到的一種野菜，鮮嫩的
蕨葉或蕨葉的卷曲部分，可以直接與豆腐乳或蒜頭、辣椒等共
煮；或先用沸水氽燙、漂冷，再與
薑絲、豆枝、麻油等素炒，或再混
和肉絲或培根肉葷炒。老熟的蕨
葉，則可以如鳳尾草般的處理，用
來煮青草茶或充作茶葉沖泡。

鳳尾蕨的營養蕨葉，在
葉軸上有翅的構造。

蕨類植物

　　蕨類植物是一群相當原始的植物，早在四億年前就已經遍佈於地球的各處陸地上。雖然歷經了許久的生物演化與物種的更替，蕨類植物仍然保留著最原始的形態特色，就是葉片幼嫩的部分都是呈現螺旋狀的卷曲，而這也成了辨認蕨類植物最基本的常識。

　　蕨類的葉子特稱爲蕨葉（frond），主要是由葉柄與葉身所構成，因爲功能的不同，通常又分成了三種型別，就是：

營養葉：葉身如同開花植物的葉子一般，只專司營養的製作，葉身完全不具有孢子囊的構造。也叫做裸葉（sterile frond）。

孢子葉：葉身幾乎是由孢子囊群所組成，主要是司繁殖的功能，當孢子播散以後，便會凋萎、枯落。也叫做實葉（fertile frond）。

營養孢子葉：葉身兼具了營養葉與孢子葉的功能，一般是在葉身的背面，會有大量的孢子囊群著生，而當孢子播散以後，葉身仍可以繼續其營養製作的機制。

　　在已知絕大多數的蕨類植物當中，通常都是同時擁有營養葉與營養孢子葉的。

營養孢子葉兼具營養葉與孢子葉的功能，孢子大多是生長在蕨葉的背面。

蕨類的葉子特稱為蕨葉，
幼嫩時作螺旋狀彎曲。

這是紫萁，綠色的蕨葉是營養葉，黃褐色的蕨葉是孢子葉。

心情記事

榕樹的氣生根是中醫藥材

　　　眼光矚注房舍另一頭，一株榕
樹伸直了腰桿迎接著灑脫的陽光，
強勁的生命力，完全不遑鳳尾草之
鬚眉。

榕樹
Ficus microcarpa L. f.

桑科(Moraceae)

榕樹又稱不死樹

榕樹一直是家喻戶曉的行道樹與景觀樹，不但對於生活環境的適應力強勁，生命力更是十分強健；不論是優渥的生活品質，即使是牆壁的裂縫中或是路旁牆腳的沙石堆裏，它的種子都一樣可以萌發、茁壯成高大的植株；因此，在老一輩的老生常談中，總是喜歡叫它做「不死樹」。

長成的榕樹，樹冠成擴張的傘狀且具有大面積的遮蔽樹蔭，很適合人們的休憩與乘涼；在許多的公園裏，更是經常看到三五成群的人們在榕樹下對奕、閒聊與歡唱。為了掌握生活空間的優勢，榕樹的樹幹上經常會著生出許多的氣根，這些氣生根起初都只是輔助植株本身的氣體交流與少量水分的獲得，一旦伸長至地面，卻能夠鑽入土壤中並且漸漸增粗、壯大，進而發展成具有支撐功能的支柱根，榕樹也於是得以有效地擴展生活的空間領域。

除了作為行道樹與景觀樹等綠化功能外，榕樹在中醫藥方面可是上品藥材。據中醫藥典的記載，榕樹的氣根具有祛風、清熱、活血散瘀、解毒、消腫、止痛、殺蟲等功效，是治療流行性感冒、百日咳、扁桃腺炎、風濕關節痛、疝氣、血淋、痔瘡、跌打損傷等等的常見處方之一，外用還可以治療濕疹、陰癢、神經性皮炎等；葉則有活血、散瘀、解熱、理濕等效用，主治婦女閉經、跌打損傷、慢性氣管炎、目

赤、牙痛、腸炎、菌痢等。此外，在民間青草藥的使用上，一般是收取榕樹的乳汁，淬煉後調合適量的醋便成了外用藥，對於唇疔、牛皮癬等都有不錯的療效。

又據近代醫學的臨床試驗，榕樹的葉與樹皮的萃取液，對於金黃色葡萄球菌與舒氏痢疾桿菌都具有很強的抑制作用，應用在青草藥浴的浸泡湯劑，對於皮膚確實具有消毒、清潔的效果，在個人衛生的維護上，也有著一定的價值的。

在榕樹家族的眾多成員裏，經常伴隨著榕樹出現的競爭者就屬雀榕(*Ficus wightiana* Wall.)了。雀榕的果實是許多都市留鳥的美食，每當粉紫色的成熟果子結滿枝梢時，白頭鵯、烏頭鵯、綠繡眼、麻雀等等總是成群結隊地穿梭雀榕的樹枝間，也總是吵嚷地又吃又叫著，無怪乎又有「鳥榕」的俗名。

長成的雀榕，樹冠也具有大面積的遮蔽樹蔭，只是，雀榕喜歡換衣服，一年總會不定期地完全落葉好幾回，比較於終年常綠的榕樹，就顯得不能讓人們完全盡興地在其樹下休憩與乘涼了。

不過，雀榕在許多原住民的傳統信仰裏卻佔有重要地位；一些原住民部落總會於社區裏擇地種植雀榕，並於歲末將其作大規模整枝，再視雀榕回復的長勢的茂盛與否，作為來年收成與運勢的預測，雖不是很科學，卻也是一項傳承。

雀榕白色或略帶紫色的大托葉還可以食用的，一般是以黑糖醃漬成蜜餞，或將之浸入食用完的玻璃瓶裝食品的湯汁裏醃成開胃小菜。

榕樹的果實為隱花果，種子著生果肉的內側。

番石榴的葉少了托葉，是為不完全葉

雀榕

植物的葉

葉片

葉脈

托葉

葉柄

玫瑰的葉具有托葉，葉柄，葉片與葉脈，是為完全葉

完全葉與不完全葉

　　植物的葉子包括有葉片、葉脈、葉柄，以及托葉四個部分，稱為完全葉；如果，一片葉子缺少了以上四個部分中的任何一個部分，就稱之為不完全葉。葉片是葉子的主要部分；葉脈是埋在葉片的葉肉細胞間的運輸構造；葉柄是連接葉片與莖或枝的部分，除了支撐葉片以外，並能使葉片伸出，以接受光照有利於進行光合與呼吸等作用。托葉則是葉柄基部的附屬構造，其基部一般都是與莖相連著，形態與功用則因植物種類的不同而有所變化。

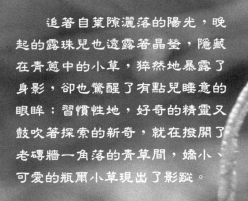

　　追著自葉隙灑落的陽光，晚
起的露珠兒也透露著晶瑩，隱藏
在青蔥中的小草，猝然地暴露了
身影，卻也驚醒了有點兒睡意的
眼眸；習慣性地，好奇的精靈又
鼓吹著探索的新奇，就在撥開了
老磚牆一角落的青草間，嬌小、
可愛的瓶爾小草現出了影蹤。

瓶爾小草植株小型

瓶爾小草

Ophioglossum petiolatum Hook.

瓶爾小草科(Ophioglossaceae)

這個長相袖珍又有趣的小個兒，其實在郊野的山徑或產業道路旁的緩坡上已是屬於偶爾發現的驚奇了，反倒是一般學校或是公園的綠地，甚至在一些新式社區的中庭花園裏，卻是一種常見的野趣了。所以，有的時候，尤其是在春夏的季節裏，我就會習慣性地在草地間搜索，就爲了看一看瓶爾小草這種蕨類植物。

瓶爾小草的造型很特別，全體都是多肉質的。它的根莖非常的短，淺埋在土壤中；從根莖的側面，會長出粗壯的根；在根莖的頂端，則會有多數的蕨葉。根的表面平滑，沒有根毛，前端更會有不定芽產生；因此，瓶爾小草常常是成群結隊的出現在所生長的地盤上。蕨葉少數至多數，叢生，總長度可以達十公分以上，構造則相當的有趣：是由一根長長的葉柄，葉柄的頂端同時著生了一片營養葉與一支孢子囊穗，孢子囊穗直立或是甚長而彎曲，很容易辨認。

「一枝香」是瓶爾小草的一個別名，您不妨仔細瞧一瞧它的孢子囊穗的模樣，是不是眞的名符其實呢？

青綠鮮嫩的蕨葉，是瓶爾小草最美味的食用部分；不過，在您採摘的當兒，可不能一味地用力拉拔，以免損傷了它藏在土壤下的根莖，甚至會影響到日後的產量。此外，採收到的蕨葉也要避免壓擠，以免破壞了荣餚的品質。

將蕨葉清洗乾淨後，可以與薑絲、豆枝、麻油等素炒，或與蛋汁、麻油混炒，也可以拿來煮蛋花湯或鮮魚湯等，味道都很不錯。只不過，瓶爾小草的蕨葉實在是太小了；所以，一旦要收集到能夠一飽口福的數量，那可是得多花點心

力的。

　　據中醫藥的記載，瓶爾小草還是兒科的重要藥材，新鮮的全草用水煎湯或（用果汁機）搗成青草汁飲用，可以治療小兒的各種疾患；它還具有解熱與消炎等功效，對於口腔的疾患、喉嚨腫痛，甚至肺炎、心臟病等都有療效。民間更有人將其搗爛外敷，用來治療疔瘡與蛇咬傷。

　　或許因爲瓶爾小草是中醫藥的重要藥材，或許因爲瓶爾小草特殊的美味；於是，瓶爾小草野生的數量，也因爲過分的採摘而快速減少了。不過，也或許因爲瓶爾小草的長相有趣、可愛，對於土壤的要求又不嚴苛，加上繁衍容易又迅速；因此，一些業餘的園藝人士便將它應用在迷你盆栽界。此外，在一些農家，也有人拿它作小規模的專業栽培，專門提供給山產店或醫藥界，售價不惡喔！

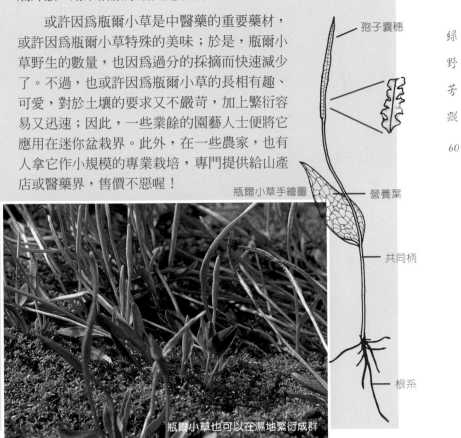

孢子囊穗

瓶爾小草手繪圖

營養葉

共同柄

根系

瓶爾小草也可以在濕地繁衍成群

心情記事

黃世勳／攝影

　　看著老舊的磚牆，一旁還新停放著一輛小型的怪手，想來牆腳的這一小塊青蔥，或許隔個幾天就要隨著這座老牆灰滅了；不再思索了，還是趕緊兒慢工細活地將這些瓶爾小草挖起，我也要學學那些園藝人為這些小草再造一個家。其實，瓶爾小草是頗適合應用在盆景的綠化上的。

　　正小心翼翼地收穫著瓶爾小草，卻又無預警地在綠茵間看到了一種造型十分特別的野花，它的花莖就從草地間長長地伸了出來，約末有十餘公分，上面並且綴著許多的粉紅色小花；仔細瞧瞧，還真的教人眼睛發亮呢！是綬草，一種迷你型的地生蘭花，樣子美極了！

Spiranthes sinensis (Pers.) Ames

蘭科(Orchidaceae)

　　綬草爲多年生的宿根性草本植物，植株相當矮小，狹長的葉子與一般的雜草極爲相似而顯得毫不起眼；總是在每年三至五月的盛花花期，當一支支花序自綠茵間抽長而出之時，才能讓人驚豔它的嬌嫩。

　　可得仔細地觀察，綬草粉紅色的小花在花序上是作螺旋狀排列的，花由花序的下方依序地往上綻放，就好比是寺廟石柱上雕刻的盤龍盤旋著石柱而上一樣，這也是綬草很重要的特徵；因此，民間總喜歡用盤龍柱草來戲稱它。盛花、果熟之後，綬草便漸漸進入休眠而生長停滯，有時地上部的葉子亦會陸續凋萎而僅以其地下根系度過漫漫秋冬。綬草的地下根肥大且粗壯，一如小型的人蔘般，民間稱之爲盤龍蔘。

　　在實際的應用上，綬草可是一種用途相當廣泛的實用植物，不但是家庭園藝迷你盆栽的絕佳材料，更是一種多用途的藥用植物。只可惜，或許是因爲它總是混生在雜草堆裏，又或許是因爲它實在太有實用價值；因此，這種原本在校園或是公園綠地都很常見的野花，也因爲人們的私心與疏失，或慘遭商人的大肆採集、或被人們無知地任意踐踏、或因爲不當的除草等，已經使得數量銳減了；如今，即使是郊野山徑的草生地間，也已經十分稀少了。如果今日的保育仍只是口號多於行動，或許，在未來的時空裏，綬草也只能偶爾出現在大型的花卉市集中了。

地上部

根系

綬草手繪圖

綬草的栽培並不困難，栽培介質的選用，只要是排水性良好的培養土都可以考慮，諸如四號蛇木屑、含有泥炭土成分的綜合培養土等等；不過，在種苗的選購或掘取時，就可得多加小心與謹慎了。選購綬草時，應該注意盆土的紮實性，不要選擇盆土鬆動的；移植或分盆時，綬草的挖掘，應該先將植株四周的土壤先弄鬆，再連同其周邊的土壤一併深深的挖起，以確保其粗壯根系的完整無傷，也才能確保其日後的成活率。

對於光照與濕度的要求，綬草是屬於中性的野花；因此，半日照的角落，是頗適合綬草成長的。通常在春夏季比較燥熱的時候，供水可以每日早晚各一次；秋冬比較涼爽的時節，綬草的葉子會凋萎，植株也會進入休眠狀態，供水則不妨改成一週一至二次。施肥應在春天新葉重新長出的時候，以水溶性無機肥料效果較佳，約每個月一次即可；入秋後，不用再施肥。

在中醫藥方面，綬草的全草具有滋腎壯陽、潤肺止咳、清熱活血、強筋骨、健脾胃等等的功效。一般的使用，是用水煎成湯劑服飲，對於神經衰弱、肺癆咳血、咽喉腫痛、腦膜炎、腎臟炎、糖尿病、遺精等等都有一定的療效；此外，肥壯的新鮮根部搗爛外敷，則可以治療帶狀疱疹、腫瘡、火燙傷，甚至做為毒蛇咬傷時的急救藥。

綬草的花序

蝴蝶蘭為著生性蘭花，栽培介質必須保濕性與通氣性皆佳。

蘭花與其栽培介質的選擇

　　蘭花，是屬於多年生草本植物的一群，因爲彼此生態習性的不同，通常可以分成地生蘭、著生蘭、腐生蘭三類。此外，還有一群半水生型的蘭花，則是一些溫帶地區所特有的物種；在澳洲，更有一些蘭花是屬於地下生的種類，它們的整個生活史都是在地下完成，只有在開花的時候，才有可能稍稍地露出土面。在一般的市集裏，常見栽培或販賣的蘭花是以地生蘭與著生蘭爲大宗。

　　栽培蘭花時，介質的選用會因爲蘭花生態習性的不同而有所差別。大體來看，栽種地生蘭的介質必須是排水性與通氣性皆良好者，諸如碎磚塊、碎石子、發泡煉石、三或四號的蛇木屑等；而栽種著生蘭的介質則必須是保濕性與通氣性良好者，如一或二號的蛇木屑、蛇木板或蛇木棒、碎木塊、木炭等。

心葉田字草的孢子
囊果被有稜紋

　　再踏上尋芳之路，一旁的景緻由雜木林換成了耕作的水田與菜圃。水田裏看不到水稻，倒是有皎白與菖蒲搖曳在瀲瀲的波光之間。劃過水田的土埂，把水田規矩地區隔著，也提供了眾多野綠棲息的一方。親水之地，芳草萋萋，田埂於是成了綠帶，養息了盎然的生意；於是，轉而取道田埂，也可以好好地享受這些綠帶的青春。

　　謹慎地在濕軟的田埂上閒逛，有時也眺看清閒悠哉的老水牛，有時也戲嚇忙碌覓食的白鷺鷥，有時也逗弄風中亂舞的紅蜻蜓；當然，也順便搜尋隱藏在田埂間的野綠。

　　在一旁戰戰兢兢地朋友，突發地大喊著找到寶了，是一大片的幸運草，是一大片浮在水面上的幸運草！

　　幸運草浮在水面上？確實事有蹊蹺！趕忙兒地前去看個究竟！

　　喔！原來是昔日水田邊的常客「蘋」。

蘋

Marsilea minuta Linn.

蘋科(Marsileaceae)

　　蘋，長相十分有趣的一種蕨類植物，喜歡生長在有水的地方，而水稻田也正好滿足了它的需求；由於它生長與增長的速度很快，而且每一小段的植物體都能夠再繁衍出新的個體，於是乎便經常長得水田裏到處都是，教農夫們除不勝除呢！不過，由於近代低地水田轉作工、商業開發嚴重，水稻田更與日常的生活漸行漸遠，甚至快速消失中，蘋的盛況也不復易見了。

　　蘋具有與紫花酢漿草十分相似的葉子，都是一根細長的葉柄頂端再著生幾枚的小葉，更由於蘋的小葉剛好是四枚，於是，一般人便很容易將它誤認是幸運草了。其實，只要稍加用心，倒也不難區分：因為蘋的小葉是扇形的，而紫花酢漿草的小葉是心形的；蘋的小葉極少不是四枚的，而紫花酢漿草的小葉卻極少是四枚的。有趣的是，蘋的四片小葉是呈正十字形狀的排列，恰巧形成個「田」字，於是，又有「田字草」的俗稱。

　　或許是因為野地的數量快速消失中而予人「物以稀為貴」，或許是因為蘋的栽培容易且模樣兒確實很討喜，於是，在一些個人風格的園藝坊與大型的花卉賣場裏，已不難看見以蘋為主角的精巧迷你盆栽了。

　　由於蘋對於栽培土壤的要求不嚴苛，要想栽植蘋的小品盆栽便不是難事。取一個不漏水的盆器，適量的土壤，土壤可以是一般的田土、砂土、

心葉田字草是從東南亞偷渡到臺灣來的

黏質土，或是市售的各種有機培養土，以及一段含有頂芽或側芽的植株，植株長度大約10至 15 公分即可。先將盆器充填入至少六分滿的土壤，將截取的植株直接固著入土壤中，再覆上少許土壤並輕輕壓實以確實將植株固定，最後將盆器裝滿水就算完成盆栽作業了。將盆栽放在有陽光的地方並且隨時保持有水的狀態，約莫一星期左右，新的葉片便會陸續長出來了。

要記得，蘋算是熱帶植物，因此，在低溫的季節裏，它的生長會比較慢且葉片容易黃化，是自然且正常的現象，可以不必過於緊張。來年，當春天再度來臨之初，不妨先將舊有枝葉作一次全面的修剪，並酌量施與少量的追肥，將更可以促進其更新並且加快其回復綠意盎然的面貌。

此外，蘋還是一種相當實用的野草與中醫藥藥材。採摘幼嫩的葉片，先以溫開水充分洗乾淨，瀝乾後便可以直接拿來作生菜沙拉了，也可以用來煮湯、煮稀飯，也可以直接炒食，或將之和入麵粉糊中，再油煎成原野風味的蔬菜餅，滋味都很不錯。而根據中醫藥典上的記載，田字草尚具有解熱、解毒、消炎、袪痰、止血等功效；通常是將鮮草曬乾，再煎成濃湯服飲，用來保健肝與腎，或治療肝炎、腎炎等。在經常性的野外活動裏，蘋除了可以充作野菜外，有時候還能將全草搗爛，拿來外敷蟲螫咬傷、扭傷腫痛，或一般性的疔瘡，在消腫、止癢上，效果相當不錯。

蘋的孢子囊果猶如蠶豆狀

蘋的四片小葉呈正十字排列，恰如「田」字一般。

河口濕地的紅樹林物種如水筆仔,也是水生植物。

睡蓮不是蓮,是睡蓮科的浮葉型水生植物。

蓮也稱荷,荷就是蓮,是蓮科的挺水型水生植物。

水生植物可以完全適應水的環境

水生植物

　　水生植物是一個屬於生態學的詞彙，在已經的定義裏，可以將之歸納爲狹義的與廣義的。狹義的水生植物，只設定在淡水環境中生長之維管束植物的範疇而已，包括有蕨類植物、裸子植物，以及被子植物等；而廣義的水生植物，則還包括了許多不具有維管束構造的植物如藻類與苔蘚植物等等。

　　水生植物的定義，說法紛紜；普遍的認定是，終其一生都沉潛在水中或是完全漂浮在水面上生活的植物，或至少有部份的莖、葉是必須完全依附水的條件而生活的植物，或是在有限的生命的某一時段是必須生活在水中的植物，或是根系可以完全適應水中環境且莖葉生長無礙的植物等等，皆可以視之爲水生植物的一員。

　　而在更爲廣義的範疇裏，水生植物所含蓋的生物群還可以包括有，那些可以長期生活在非常潮濕乃至100％飽和水的濕地裏的植物，以及那些可以在絕對潮濕的環境中長期生活並完成生活史的植物；當然，海洋裏的海藻、海岸間的海草，以及紅樹林物種與伴生植物等，也都在含蓋的範圍裏。

心情記事

隨手抓下一把田字草，剛好可以綠化陽台上的陶疊，也可以讓陽台清涼起來。

　　咦！竟然連帶地把旁邊的草兒也拔了起來。瞧一瞧！種類還真多，有鱧腸、半邊蓮、水豬母乳，還有帶著香氣的紫蘇草、仙草；這些野綠雖然都是水田環境裏的常客，卻只有水豬母乳是將身子藏在水裏頭的，其它的這些意外，或許是趁著農民除草的疏忽，不慎跌到水裏頭的吧！

　　可不要小看了這些野草，個個可都是個寶呢！

鱧腸

Eclipta prostrate Linn.

菊科(Asteraceae, Compositae)

　　鱧腸是一年生的草本菊科植物，全株被著短短的剛毛，觸感顯得相當的粗糙；將它的莖枝折斷，自傷口滲出的組織液一旦與空氣接觸，便會漸漸地變黑，傳統上，鄉下地方的人總是喜歡叫它做「墨菜」。

　　在許多的農家與客家庄，鱧腸也是許多小姐與婦人喜歡取用的野菜，多吃，可是具有烏黑髮絲的效果的，於是，也有「墨頭菜」、「田烏草」的俗稱呢！

　　鱧腸長得並不高，有時植株還呈匍匐狀生長；葉對生，深綠色，厚質且粗糙；頭狀花序腋生，具細長的梗，外圍的舌狀花白色而中間部分的管狀花黃白色；花後，花序發展成果實；果實造型類似於已經結著種子的迷你版向日葵，也正是辨認它的重要特徵。種子初為綠色，成熟時灰黑色至黑色。

　　雖然是一年生的草本植物，鱧腸卻因為對於生活環境的適應力強健，一年之中仍有兩個明顯的生命周期：春季與秋季。早春，鱧腸的種子大量萌發，植株並快速長成，是其最鮮美的季節；春末，因為盛花期而致植物組織過纖維化，口感確實略遜一籌；仲夏，種子成熟、散播而去，植株呈衰敗現象並漸次凋萎。入秋，上一季種子陸續萌芽，新的植株開始繁茂，正是另一波採收期的端倪，口味也一樣甘鮮；冬至，植株也因為種子的成熟與散落而凋萎；逝去的芳華，只能靜待來春的新生代的展現了。

　　由於偏好潮濕的環境，鱧腸的種子總是藉著水流的散播，因此，也總是可以在溝渠或溪流的兩岸，或是水田的田

埂邊發現它們大片的群落。其實，只要依循著農作的作息，不妨搭著春耕與秋作的便車，當水田又是一片綠油油的時候，也正是墨菜豐收的時節。

鱧腸的幼苗與嫩莖葉都可以食用，通常是先用沸水汆燙個幾秒鐘，再快速將之浸入冷水中，待冷卻後便可以瀝乾、備用了；可以直接與香菇絲、胡蘿蔔絲、薑絲素炒，或混與蒜頭小丁、豆豉、蔥段、肉絲葷炒；也可以拿來作烘蛋、炒蛋、油炸甜不辣與煮湯；偶爾，在傳統的客家庄家常菜裏，墨菜還被醃製成泡菜，以爲開胃的小點呢！

除此之外，鱧腸也應用於在中醫藥方面。據中醫藥的藥典記述：鱧腸性涼、味甘酸，入肝、腎二經，具有補腎陰、止血痢、治肝腎陰虧等功效，屬於滋養性的收斂劑。內服，還可以烏髮鬚、固牙齒；搗汁塗眉髮，則可以促進毛髮生長。不過，就因爲藥理屬性涼，鱧腸對於經常腸胃不適且體弱者，是不宜過分食用的。

鱧腸發育中的果實是深綠色的

鱧腸的親水性相當的高

鱧腸滑蛋燒

材料：鱧腸鮮嫩的莖葉與芽，豬肉絲，香菇絲，胡蘿蔔絲，以及
　　　新鮮雞蛋。

作法：一、煎鍋預熱一至兩分鐘，倒入適量的食用油，待油熱，
　　　　　將2／3香菇絲與胡蘿蔔絲下鍋炒香。

　　　　二、肉絲下鍋，與香菇絲與胡蘿蔔絲混炒至肉熟。再將清
　　　　　洗乾淨的鱧腸下鍋快炒，並以適量的沙茶醬調味。再
　　　　　炒勻便可以起鍋了。

　　　　三、煎鍋洗淨後預熱，取適量的食用油炒香剩下1／3的
　　　　　香菇絲與胡蘿蔔絲。加入半碗水煮至沸，再將備用的
　　　　　蛋汁倒入續煮熟並勾芡之。

　　　　四、將勾芡完成之蛋汁淋至已盛盤的食材，食用時再滴上
　　　　　幾滴的香麻油，味道更美。

這枝聖誕紅紅色的部分其實是葉子，目的在模擬花的形態以吸引動物的注意。這些葉子簇集地在枝條的前端，便是一種叢集的現象。

半邊蓮 Lobelia chinensis Lour.

桔梗科(Campanulaceae)

　　半邊蓮為多年生的草本植物，是濕地環境很常見的野綠，擁有強健的生命力且繁衍快速，經常形成大片的群落；最是引人留連的，則是它那造型相當有趣的花朵，花瓣係偏向一側綻開，有如半邊的睡蓮一般，「半邊蓮」的名字也是因此而來的，也有人喜歡叫它做「半邊花」。

半邊蓮的花瓣是偏向一側綻放的，十分有趣。

　　半邊蓮的莖枝纖細卻帶有韌度，匍匐橫生而前端上揚，節易產生不定根而利於生活空間的擴張；葉互生，不具葉柄。花期甚長，初夏至冬至時期皆可見其花顏；花小型，花冠顏色淡紅至白色漸層，清秀且醒目，也於是乎成了迷你盆栽的常客。當花季落幕，植株地上部會大量凋萎而呈休眠狀態，待來春才又見新綠盎然。

　　栽植半邊蓮是很簡單的情事，取一只大小適中的淺盆，裝入七分滿的田土或培養土，將每段約10公分的半邊蓮枝條

幾支做一束植入盆土，充份壓實固定，再將水注入淺盆中便大工告成了。半邊蓮喜歡多光照的生活環境，很適合陽台園藝，也可以應用作庭園潮濕角落的草皮。

此外，半邊蓮也是一種中醫藥的藥材。具中醫藥藥典記載，其全草具有利水、消腫、解毒的功效，經常出現在治療黃疸、單腹臌脹、腎炎水腫、晚期血吸蟲病肝硬化水腫、泄瀉等的內服處方箋中，也可以外用，多是應用於跌打損傷的腫痛、腫毒、蛇傷、疔瘡、濕疹，以及各種的癬疾等。必須注意的是，半邊蓮其實還是一種有毒植物，全草含有多樣的生物鹼，誤食多量，輕者可是會引起噁心、頭痛、腹瀉、血壓異常增高、脈搏先緩而後速等症狀，嚴重者甚至會引發全身性痙攣、瞳孔放大，乃至呼吸中樞麻痹而死亡；因此，在欣賞嬌巧的半邊蓮的同時，可不要疏忽了美麗背後的現實。

半邊蓮全草都可以作為中醫藥藥材

莖的節上長有兩片葉子的，葉序是為
對生。

不同品種睡蓮的葉子。大的一
片邊緣有齒，是齒緣葉；小的
一片邊緣平滑，是全緣葉。

葉序與葉緣

葉序

　　植物的葉子是著生在莖上的，而莖上著生葉子的部位則叫做
節。葉子在莖上著生的排列方式，就叫做葉序；葉序大致可以概
分成四種：互生、對生、輪生，以及叢集。

　　互生→莖的每一個節上只有一片葉子。

　　對生→莖的每一個節上具有兩片葉子。

　　輪生→莖的每一個節上具有三或三片以上的葉子。

　　叢集→在短的枝條的前端，或極短的莖的頂端，或一些初萌發
　　的新芽，常常可以見到這種情形。是二至二片以上的葉子，相
　　互接著集生的現象，而隨著植物莖的增長，再新生的葉片應該
　　都會回復正常的排序。

葉緣

　　葉片的邊緣，稱爲葉緣。葉緣的形態有很多，大致上可以概分成：

全緣→葉片邊緣平滑且不具缺刻。

波狀緣→與全緣葉相似，只是邊緣具有程度不同的下凹與上凸，有如波浪狀。

毛緣→葉片邊緣具有毛的構造。

齒緣→葉片邊緣不平滑，且具有各種的齒狀形態。因爲葉緣的齒的形態的不同，又有許多不同程度的細分，端視植物物種而異。

缺刻緣→葉片邊緣不平滑，而是有程度不同的缺裂。缺裂的形態，亦因植物的種類而異。

這是缺刻緣的葉片（虱母子），缺刻的形態會因植物的種類而不同。

這是波狀緣的葉片(金玉蘭)

莖的節上只有一片葉子的，葉序是為互生。

心情記事

水豬母乳又叫做「水豆瓣」，
嫩莖葉是清熱利尿的苦味菜。

水豬母乳 *Rotala rotundifolia* (Roxb.) Koehne

千屈菜科(Lythraceae)

　　水豬母乳爲宿根性的草本植物，生活的範圍頗大，可以潛在水中生長，也可以在濕地上繁衍成大片群落。它的成長週期具有明顯的形態變化，春季的生長階段裏，植物體作匍匐橫生而快速繁衍成片，葉子較小，闊的矩圓形（濕地）或爲短的線狀（水中）；夏、秋季的開花階段裏，匍匐莖的前端上揚高挺，直立的側枝亦大量增長並於頂端處著生長長的花序，植物的葉子亦變得大許多，圓形或爲寬闊的倒卵形；秋末，植物的地上部開始衰敗，僅以少數的殘枝與地下莖越冬。

　　在臺灣早期的鄉間，特別是中部以北的區域裏，每至仲夏至中秋期間，許多濕地與田埂上都可以見成片紫紅色的花海，正是水豬母乳孜孜不息的寫生；只可惜，由於產業的轉替，水田轉作亦日趨嚴重，這一幕幕的紫紅色花海也漸漸地自現實中消退了許多。

　　如今，水豬母乳在田野的數量是減少了，然而，在水草業界間，它卻成了炙手可熱的商品，商品名爲「小圓葉」；因爲水豬母乳的水中姿色清麗，加上對於水族箱環境的適應力不弱又耐修剪，在水草缸的佈置上，於是成了不可或缺的常客。此外，如果有興趣，水豬母乳還可以是家庭園藝的吊缽植栽與迷你盆栽的素材，也可以是大型盆景、苗圃，甚至庭院的綠化取材。

　　水豬母乳還有許多的用途，鮮嫩的芽與莖葉是不錯的野菜，又叫做「水豆瓣」，洗淨後，可以直接與麻油、薑絲、香菇絲、胡蘿蔔絲等素炒，或拿來與肉絲、蒜泥、豆豉等葷

炒，味道可不輸給前面所提到的馬齒莧。在中醫藥方面，水豬母乳則具有清熱、利尿、消腫、解毒、通便的功效，經常被應用於治療牙齦腫痛、喉痛、肺癰、乳腫、熱痢、淋病、丹毒、痛經、痔瘡、高血壓等；在臺灣的民間，更是取水豬母乳搗汁，加入適量粗鹽調勻，不定時擦塗患部，對於帶狀泡疹可是具有相當好的療效呢！

水豬母乳的花序也可以食用，充作蛋餅的夾餡，味道甘美。

千絲水豆瓣

材料：鮮嫩的水豬母乳，豬肉絲或牛肉絲，香菇絲，胡蘿蔔絲，以及少許的豆豉與大蒜。

作法：一、煎鍋預熱一至兩分鐘，倒入適量的食用油，待油熱，將大蒜與香菇絲下鍋炒香。

二、將預備的胡蘿蔔絲與肉絲下鍋混炒至肉略熟。

三、將清洗乾淨的水豬母乳下鍋快炒，並調入適量的豆豉與調味料，再快炒勻便可以起鍋了。

四、上桌前，淋上少許香麻油提香，將使菜餚更添口感與美味。

心情記事

這是白花紫蘇草

紫蘇草

Limmophila aromatica (Lam.) Merr.

玄參科(Srophulariaceae)

紫蘇草為一年生或多年生宿根性的草本植物，生活環境與水豬母乳類似，也經常與水豬母乳參雜地混生著。外觀上，紫蘇草與眾所周知的紫蘇是完全不同的，然而其植物體卻具有類似於紫蘇的濃郁香氣，所以得了「紫蘇草」這樣的稱呼；一般的農家則因為其為水田邊的常見野綠，又全身帶著香氣，而喜歡叫它「田香草」。

大葉田香草的植株雖大，花朵卻很小。

田香草的形態會因為環境與氣候的更替而有顯著的變化，在水中，葉片顯得較長且薄，呈長三角狀披針形；在水面上，葉片則較短且厚，為卵形至長橢圓形。在春夏時節裏，植株營養生長快速，顯得綠意茂盛；當秋冬時期，植株往往因為盛花之後而顯得頹然凋零，並以大量種子或僅餘少數的殘枝與匍匐莖枝越冬。花期甚長，可自春末至初冬時分；花單出，腋生，有長梗；花冠粉紅色至紫紅色，下部癒合成筒狀而前端作五瓣裂開展，各裂片前端圓鈍並有一凹痕。

由於低地的開發嚴重，水田亦大量轉作他用，紫蘇草已然是不可多得的野綠了。不過，紫蘇草卻有著與水豬母乳一樣的幸運，也擄獲著業餘水草玩家們的心，並成了頗受消費者喜愛的暢銷水草商品之一。此外，紫蘇草也是不錯的

紫蘇草的花雖小，顏色卻很鮮麗。

食材，特別是在東南亞一帶，幾乎是家常必備的生鮮蔬菜，最常見的吃法，是直接將它拌入熱騰騰的湯中，再和著湯裏的麵、河粉等一起入口，滋味鮮美而香淳。在臺灣，或將它鮮嫩的莖葉充分漂洗乾淨，再以溫水確實沖洗後，直接供作生菜沙拉的食材，或拿來煮海鮮湯、煮麵、烘蛋等，或拿來炒各種的三杯，或應用於蒸各類的水產；民間青草藥也常見其被使用，通常是應用在治療婦女的頭暈目眩、腹痛等等。

　　紫蘇草也有一個長相極為近似的雙胞胎親戚，就叫做白花紫蘇草（*Limmophila aromaticoides* Yang & Yen）。兩者最大的不同，在於紫蘇草的花冠為粉紅色至紫紅色，而白花紫蘇草的花冠為純白色至略帶淡淡的粉紅色；此外，紫蘇草的長勢通常較為茂密，而白花紫蘇草的長勢則較為稀落；實用方面，白花紫蘇草的應用亦不如紫蘇草來得普遍。

　　大葉田香草（*Limnophila rugosa* (Roth) Merr.）原本也是水田或灌溉溝渠環境中的常客，全身散發的香氣更是一點也不遜於紫蘇草；然而，因為農地與濕地的嚴重開發，加上或許是對環境的要求比較的嚴格，野生的族群已經日漸稀少。當然，作為食材方面，它可是紫蘇草絕佳的代用品呢！

大葉田香草的野外族群已經式微，急待保育就援。

紫蘇草全草具有香氣，也叫做「田香草」。

乾煎香草烘蛋

材料：鮮嫩的田香草莖葉，香菇絲，新鮮雞蛋。

作法：一、田香草充分洗淨，葉片摘下、莖枝切段備用。

二、新鮮雞蛋均勻攪拌成蛋汁，並以適量的鹽與胡椒粉調味。

三、煎鍋預熱一至兩分鐘，倒入少量的食用油，待油熱，將田香草莖段炒香後撈起，再將香菇絲下鍋炒香。

四、將田香草葉片下鍋略炒幾下，便可以把爐火轉至文火，再將蛋汁淋下；轉動鍋子讓蛋汁充分覆蓋炒過的田香草葉片。蓋上鍋蓋，讓蛋汁於鍋中充分受熱至熟。

五、當蛋汁一面烘熟至略黃，便可以翻面；待兩面皆烘至泛黃，便可以起鍋了。趁熱食用，食用時沾上少許蕃茄醬味道更佳。

仙草原本也是農地間常見的野
綠，如今已是專業栽培的主角之
一了。

Mesona procumbens Hems.

唇形科(Lamiaceae, Labiatae)

　　仙草，長久以來一直是我們日常生活中十分普遍的食材；夏天的仙草冰與冬天的燒仙草，更是非常普遍的休閒點心。但是，卻很少人知道，仙草其實也是臺灣低地平原一種很常見的野綠；在許多的水田邊或田埂上，仙草經常就混生在雜草之間，而往往得等到它抽出了一支支長長的花穗，才讓人為之驚豔莫名甚至雀躍不已。

　　仙草是一年生或至宿根性的多年生草本植物，全體具有獨特的清香，也是辨認它的一個方法；它的莖枝呈四稜形，匍匐橫生而前端上揚，節處易產生不定根與分枝而可以迅速地擴張生活領域；葉片兩兩對生，深綠色，葉面不平整且葉邊有鋸齒；具有明顯的生活週期：春季，新生枝芽大量發生，族群亦快速擴展；春末至仲夏，陸續抽出花穗並展露花顏；夏末至中秋，植株地上部漸次凋萎，植物亦進入休眠期；秋末以降，植物藉宿存的地下部或土中的種子越冬；當春回大地，仙草的新綠就會陸續地探出春泥，未幾，又可以見到它一片欣欣向榮的丰采了。

　　隨著經濟用途的開發，仙草早就有專業的栽培，而且年產量還算是豐多的；在一般的青草店裏，便經常可以買到已晒乾的或仍然新鮮的仙草。隨著人們的喜好，或許是因為本身獨特的香氣，或許是因為秀麗的花序，仙草在家庭園藝的領域中，特別是草花與香草植物，也已經佔有了一席之地；常見是作為小型的吊缽盆栽，以及小規模花壇或是草皮的綠化。

　　當然，作為養身的食材，應該是仙草最為人津津樂道

的。通常是將乾燥的仙草植株直接熬煮成仙草茶湯，趁熱再配上少許的花生、花豆、芋圓等，便是可口的燒仙草了；也可以在茶湯中均勻地調入適量的地瓜粉，靜置待涼使凝成凍，即成熟悉的「仙草」，加糖水與冰水食用，更是夏日絕佳消暑、清涼的冰品與點心。此外，據中醫藥的記述，仙草還具有清熱、解渴、涼血、降血壓等功效，也是治療中暑、感冒、高血壓、糖尿病、腎臟病、關節痛、淋病、花柳病的處方中不可或缺的一味。

仙草雞

材料：乾燥仙草6至8兩，烏骨雞一隻，紅棗10至15顆。

作法：一、乾燥仙草切段裝於棉布袋，或以乾稻草細綁如兩個拳頭大小。

二、烏骨雞清洗乾淨，以沸水略煮去除部分油脂。將烏骨雞趁熱連同裝袋或細綁好的仙草一起置入電鍋內鍋中。

三、加水，至淹過烏骨雞即可。加米酒，約一碗，亦可隨個人喜好的量再增減。紅棗洗淨，擺入電鍋內鍋中。

四、倒至少兩碗水入電鍋外鍋，蓋上鍋蓋，便可以壓下啓動開關讓電鍋自動燉煮。待電鍋啓動開關跳上，仙草雞便大功完成了。

心情記事

　　冥想起仙草雞的鮮美，腳步也
輕盈了起來；一個踉蹌，一隻腳已
經泡在水裏頭了。折騰了一會兒，
腳終究是拔出了泥；卻又是一股腦
地坐了一屁股的汙。一旁的朋友，
早已經笑出淚兒了。

　　雖然是狼狽不堪，尋芳的心卻
是絲毫不減；趁著整理褲裝的當
兒，眼波還是放不下野綠的身段
哩！就在田埂底邊兒的雜草間，一
種我相當喜歡的蕨類植物「水蕨」
已經探出了熟悉的身影。看來，我
不經意的雜耍，也牽引了野綠兒的
好奇了。

水蕨

Ceratopteris thalictroides (Hook.) Hieron.

水蕨科(Parkeriaceae)

　　水蕨是一種一年生的蕨類植物，秋末至夏初為發生期，夏季則為衰退期；喜歡生長在水質乾淨的環境中，或許在淺水域裏挺水而長，或許就在泥沼濕地上迎日光浴而生，是水田間與溝渠水畔的常客。只是，臺灣因為水污染的情形嚴重，加上灌溉溝渠紛紛改以混凝土護坡，水田更是轉作情形嚴重，因此，水蕨就隨著生育環境的日漸減少，在野外的數量也就相對地稀落了。

　　擁有造型優雅且顏色嫩綠的蕨葉，是水蕨吸引人們眼光的最大本錢；「水妖」這一個水蕨的俗稱，便是在形容其蕨葉在水中的曼妙丰姿。水蕨的蕨葉為二至三回的羽狀裂葉，如果詳細的觀察，您還會發現它其實是具有兩種不同的蕨葉：一種蕨葉比較短小，其羽裂片卻比較寬廣而且邊緣不反捲，稱為營養葉；另外一種蕨葉較為高挺，其羽裂片則比較狹窄如短線狀，邊緣呈反捲並包裹了許多的孢子囊群，是為孢子葉。營養葉多發生於水蕨的成長期，數量少；孢子葉則大量出現於水蕨的成熟期至衰敗階段，數量多。

　　還有一個很有趣的特徵，就是在水蕨蕨葉的羽裂片的羽裂基部，常會有不定芽的產生，而且這些不定芽多半都能再長成一棵完整的植株。所以，當水蕨的蕨葉垂伏到水面或泥地上時，這些不定芽就會快速長成新的植株，並在短時間內孳生成一大片的族群。

水蕨總是混生在田間的雜草堆裏

水蕨幼嫩的營養葉還是一種相當美味的野菜，通常都是以麻油與薑絲、香菇絲、豆豉等素炒，或再加蒜泥、肉絲、魚片等葷炒，也可以燙熟、置涼後直接涼拌喜歡的沾醬，也可以作成蔬菜天婦羅油炸，滋味都教人回味不絕；尤其在生育地日漸難覓、數量又日漸減少的當兒，就更顯得這一道野味的珍貴了。不過，它的孢子葉味道就不怎麼樣了；所以，當您採摘或收成水蕨蕨葉的時候，可得仔細的分清楚什麼才是營養葉喔！

水蕨的孢子蕨葉較高大，葉緣卻反卷而為細窄的線狀。

　　水蕨新鮮的蕨葉也是民間常用的一種青草藥，一般是搗爛後直接外敷於患部，可以治療各種的皮膚病；也可以採取幼苗株，洗乾淨，晾至半乾或鮮品直皆用水煎煮成湯劑服用，可以治療腹中痞積，並且能夠有效地排除腸胃系統中因為消化不良所堆積的穢物。

　　此外，在水族業界裏，水蕨在水族水草缸的領域裏，也一直是業者與消費者取用的造景素材，並而一直都維持著不錯的使用率與銷售量；「水芹菜」，便是水蕨的商業名字。用在水族水草缸的造景，水蕨可以因為人工的馴養以及環境條件的管控，而為多年生的水草；習慣上，中至小型的水芹菜植株是作

為水草缸的前景水草，大型的植株則佈置於水草缸的內側以為背景草；當前景的水蕨長得碩大時，為避免其阻礙了水草缸前景的視界，通常是將其身上已長成苗株的不定芽株取下，另行植於母株的一旁，待苗株長成，便可以直接取代原先已經老化的母株，而母株則可以移除或移作其它用途了。

　　生活在水族箱裏的水蕨，生長的速度通常會比較緩慢，葉子則顯得比較嬌柔，也能隨著水流而款擺生姿，相當能夠提升水族水草缸的觀賞價值。不過，如果要水草缸裏的水蕨長得好，光線的供應就必須要很充足，水溫則最好不要低於 25℃，對於葉子上過多的不定芽也應該要適時地切除，或移植到苗床另行育成新的植株。

水蕨的營養蕨葉較矮小，
葉面卻較寬。

水草缸的花費其實可以很經濟的

取泥炭土做底土可以穩定水
的有機質濃度

石英砂覆蓋泥炭土，一者
美觀，一者可以有效地鎮
住泥炭土。

簡易水族水草缸的施作

材料：玻璃水族箱（含過濾器、太陽燈管等）、泥炭土或綜合
有機培養土、石英砂或一般的細砂子。

作法：一、玻璃水族箱自行再確實清洗一次，晾乾。

二、於水族箱內部鋪上一層泥炭土或綜合有機培養土並充
分壓實，壓實後的厚度至少３公分。

三、在壓實後的泥炭土或綜合有機培養土上鋪上石英砂或
一般的細砂子，以鎮壓住泥炭土或綜合有機培養土。

四、灌水約五分滿。動作不宜過大，以不將水族箱內的土
壤沖起為原則；爾後，靜置約一日，直到水不再混
濁。

五、再灌水至九分滿，仍是以不將水族箱內的土壤沖起為
原則；爾後，安裝過濾器並讓過濾器開始運作，直到
水不再混濁。

六、約一日後，更新一半的水量，再讓過濾器繼續運作，
直到水不再混濁。

七、次日，便可以種植水草了。水草種植完畢，安裝好太
陽燈組，開燈，簡易水草缸便完工了。

心情記事

撥開掩蔽著水蕨的青蔥，這才發現，原來在水蕨的身後，還有一群「過溝菜蕨」悠悠哉哉地觀賞著我的丑戲。

過溝菜蕨

Anisogonium esculentum (Retz.) Persl

蹄蓋蕨科(Athyriaceae)

過溝菜蕨初期為一回羽狀複葉

　　過溝菜蕨是一種多年生的蕨類植物，曾經也是水田的田埂間經常出現的嬌客，更因為具有非常強健的生命力，所以往往能夠繁衍成大片的族群，有時甚至能將整條的田埂都給覆沒。或許因為它的經濟價值不匪，原本在濕地與田埂間到處蔓生的過溝菜蕨於是老早就被移植進了菜圃裏，現今更是許多農家以為專業栽培的蔬菜；在臺灣的東部，有不算小的栽培面積。自然的，野外的族群也就明顯的減少了。

　　其實，過溝菜蕨早就已經融入我們平常的生活中了，也早已經是市場上經常有得買賣的一種蔬菜，售價也還算低廉，每把平均售價在十至二十元之間。它在市集中的俗稱叫做「過貓仔」，或是「過貓」。

　　不要懷疑您所見到的喔！因為市場上叫賣的過貓，都只是過溝菜蕨還沒有完全伸展開來的幼嫩蕨葉，也是過溝菜蕨最鮮嫩且味道最鮮美的部位；每年的初春開始，過溝菜蕨陸續自半休眠狀態甦醒，大量的新綠會快速增長，正是採擷與取食過溝菜蕨的最佳時機。農作的收穫也在此間最為忙亂，收穫期可延至盛夏。當然，一旦過溝菜蕨的蕨葉長成完全的羽狀複葉時，您也已經錯過品嚐它的美味的時機了。

　　過溝菜蕨具有相當高量的黏液質與澀味，料理時宜切段，每段在五公分左右，忌切成小丁。最簡單的吃法是將過溝菜蕨洗乾淨、切段，直接與薑絲、香菇絲、豆豉等和以少

量的橄欖油素炒；也可以洗淨、汆燙熟、浸冷水、放涼、切段後，直接沾各式沙拉醬或其它醬料食用；想要吃油炸的，記得在麵糊中調入少量芝麻與黑胡椒粉，味道會更香；喜歡葷食的，則可以拿它來與豆豉、蒜泥、辣椒，肉絲或魚乾等混炒，這可是一般餐廳最常上桌的一道山珍。

在日本，過溝菜蕨的使用更見廣泛，除了是餐桌上常見的佳餚外，也經常被應用在假山、池畔的綠化，庭園角落的景觀造景，或是作爲簡易的室內觀葉盆栽。

作爲室內觀葉盆栽，過溝菜蕨應該擺飾在光亮、通風的地方如窗台等，必要時還可以補充人工光源如 40-60W的燈照，避免植株的徒長；平常管理上，並不需要天天澆水，可以等到葉片顯得無力而稍稍下垂的狀態時，才將盆栽移到室外去充分灌水。充分灌水後，不要急著把盆栽搬回室內，應該是靜置約半天以後再搬回；所以，澆水的時間不妨選在黃昏時分，待隔天早上盆內多餘水分完全排出，再將盆栽移回來的擺放位置。

盆栽過溝菜蕨，栽培用的介質最好是選用透氣性與保水性皆佳的材料，可以利用三號蛇木屑、泥炭土、陽明山土等量混和以爲其綜合培養土。至於肥料的選擇，顆粒狀的有機肥適合作爲基肥，可以在栽培時放少量在盆器的底部，或於年度時，在盆器邊緣的盆土挖洞埋入少量；粉末狀的水溶性無機肥，則是每二至三個月噴施於植株上，或直接淋澆植株。老化的葉子會消耗養分，同時也是蟲害孳生的溫床，應該即早剪除，還有促進新葉生長的作用。

長成的過溝菜蕨，蕨葉是碩大的，羽狀複葉的回數也不再只是一回而已。

複葉的小葉是排列在葉軸兩側
的，是為羽狀複葉。

三出複葉是最簡單的一種羽狀
複葉

(單葉的手繪圖)
單一葉柄單一葉片，構成單葉。

單葉與複葉

　　植物的葉子因為葉片數量的不同，又區分成單葉與複葉。一
植物的單一葉柄上僅著生單一葉片者，稱為單葉；依此類推，植
物的單一葉柄上著生多數葉片者，就稱為複葉。複葉因為形態的
不同，又分成羽狀複葉、掌狀複葉，以及單身複葉三大類：

羽狀複葉：小葉規則地排列在葉軸的兩側，狀似羽毛一般。

掌狀複葉：小葉集結在葉柄的先端向四方展開，猶如手掌一般。

單身複葉：係單一的葉片，只是在葉柄與葉片之間，存在有明顯
的關節構造，以致葉片有被區隔的現象。

柚子

這就是掌狀複葉

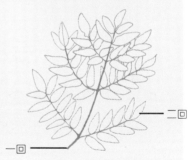

(柚葉的手繪圖)
柚子的葉片是典型的單身複葉

━━ 二回

一回 ━━

(羽狀複葉回數手繪圖)
當一回羽狀複葉的小葉亦為羽狀複葉時，
稱之二回羽狀複葉，當二回羽狀複葉的小
葉亦為羽狀複葉時，稱之三回羽狀複葉，
依序類推，當三回羽狀複葉的小葉亦為羽
狀複葉時，稱之四回羽狀複葉⋯⋯

心 情 記 事

　　望向粼粼的波光，浮動的光影隱約間泛著亮綠與紅暈，牽引著
好奇的悸動。這會兒，可是小心翼翼地移動泥濘的步伐，深怕又是
一個踉蹌，那可又是一齣暴笑劇了。

　　偎著水畔，撐著小枯枝，就這樣地把水面上的紅紅綠綠撈了過
來，也方便眼下的辨別；這紅紅綠綠的世界還真是豐富，原本以為
只是浮萍一類的小玩意兒，卻還混雜了一些漂浮性蕨類植物的枝節
片段。

滿江紅

Azolla pinnata R. Br.

滿江紅科(Azollaceae)

在水稻田間這麼多的漂浮性水生植物當中，滿江紅應該算得上是數量最驚人的蕨類植物了。滿江紅經常為水面鋪蓋了一席綿密密、綠油油的毯子，教人誤以為只是一片長滿著青苔的田土而已；如果不謹慎些，這一腳就這麼地踩了下去，那後果可是想見一般了。我就見識過一位無邪又天真的小孩兒，喜孜孜地往「那樣的一片綠」跑去，結果就整個人兒陷進了「那樣的毯子」裏；小孩兒於是驚嚇地哭號，家長們於是一陣的手忙腳亂……

滿江紅是一種繁衍非常快速的蕨類植物，偌大的一片水域，往往只需要短短的一個夏季，就可以為之覆蓋完全；在許多的地方如中國大陸、東南亞、日本等等，滿江紅甚至可以霸佔整個河道，或是盤據著泰半的江面，煞是奇觀。而總是在氣溫偏低的秋冬時節裏，這種蕨類植物體內的色素系統

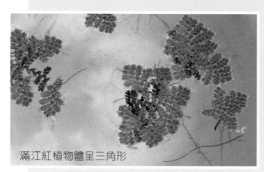

滿江紅植物體呈三角形

更會因為對低溫的明顯反應，而使得植物體漸漸地由綠色轉變成紅色，於是乎，水面上被渲染得殷紅，又是另一番的風情；也因此它有了「滿江紅」這樣的一個名字。在臺灣，尤其是近代，由於沒有精確的環評規劃、沒有遠見的過度開發，以及多重環境污染的衝擊下，滿江紅也在臺灣這片土地上日漸衰微；因此，要看到

滿江紅的「滿江紅」盛況，已經是不可能的。

　　滿江紅的構造其實是很有趣的，如果用顯微鏡或放大鏡觀察滿江紅，您會發現它那細小的葉子是分成上下兩片的：上面的一片厚，綠色，浮水，表面上有許多的突起；下面的一片薄，沉水；兩片的葉片之間巧妙地形成了一個空間，一個可以提供許多的藍綠藻生活的空間。您知道爲什麼農夫不會很仔細地清除水田中的這些滿江紅嗎？這是因爲與滿江紅形成共生的藍綠藻會發揮很強的固氮作用，會間接地幫助水稻的生長，所以，農夫通常是不會將水田中的滿江紅給完全地清除乾淨的。

　　要養一缸的滿江紅，是很容易的，首先選擇一只不漏水的器皿，款式不拘，先在底部鋪上一層有機培養土或田土，將器皿擺放在陽光充足的地方，加滿水，再將您收集到的滿江紅直接丟在水面上就可以了；只要不定時地補充水分，並且保持水質乾淨，滿江紅的數量就會在充足的陽光下快速增加了。

　　繁殖過剩的滿江紅怎麼辦呢？不要急著丟掉，它可是改善土質、增加土壤肥力最實惠的天然綠肥，您可以將它直接鋪在盆土的上方，也可以先將它曝曬至半乾的程度，再拿來混入盆栽用土中，對於一般的室內外盆栽都很有好處。此外，新鮮的滿江紅也可以做爲天然的飼料，用來餵養鴨、鵝與魚，或是烏龜與鱉等寵物。

　　還有一件事是值得一提的，就是一直有人質

日本滿江紅植物體爲孔
雀開屏狀的雀尾形

疑,臺灣的滿江紅究竟有幾種呢?其實,仔細地比較水田裏
常見的這些滿江紅,您是會發覺它們之間確實存在一些明顯
的差異的。

　　沒錯,在臺灣的水稻田裏,滿江紅其實是有兩種的,那
些植物體比較大,輪廓呈三角形的,正是平常所謂的滿江
紅;另外一種的植物體比較小,輪廓是呈扇狀或是孔雀開屏
的雀尾狀的,則是日本滿江紅(*Azolla japonica Fr. et* Sav.);
若是就色澤來看,滿江紅偏青綠色,而日本滿江紅則為深綠
且邊緣常帶著紅色。下一回再到水田尋芳時,可要分清楚您
究竟看到了那一種滿江紅。

滿江紅的蕨葉手繪圖

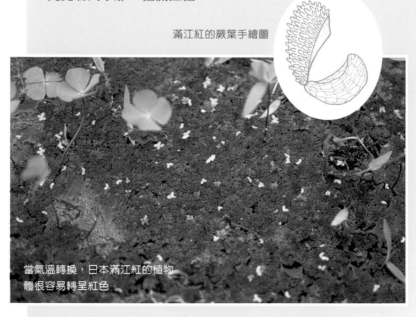

當氣溫轉換,日本滿江紅的植物
體很容易轉呈紅色。

由於人為的棄養，速生槐葉蘋已經
入侵臺灣的自然生態了

槐葉蘋 *Salvinia* sp.

槐葉蘋科(Salviniaceae)

　　如果幸運的話，或許還可以在一片的滿江紅堆裏，發現另一類漂浮性蕨類植物－－槐葉蘋（*Salvinia* sp.）這個家族的成員。它們的身體可是滿江紅的好幾倍大，不過，生長的速度卻遠遠比不上滿江紅；對於水質的要求，槐葉蘋家族的成員卻要比滿江紅來得挑剔許多，因此，在臺灣水污染如此嚴重的現況之下，發現槐葉蘋家族成員的機率，自然地也較之滿江紅低許多了。

　　曾幾何時，有一種名為速生槐葉蘋（*Salvania molesta* D.S. Mitchell）的槐葉蘋家族成員卻已經靜悄悄地入侵了臺灣的生態系，並且在一些低地的池沼裏孳生著。

　　速生槐葉蘋因為外在形態具有相當的觀賞性，一般的栽培管理也很簡單，加上孳長快速，於是很早就得以擠身進入了歐美洲的家庭園藝之門；在市場上，不論是大型的庭園與水景，或是一般居家的前庭與窗台，都受到了普遍的認同與喜愛。在可見的歐、美、日園藝雜誌中，速生槐葉蘋也曾經是出現率頗高的模特兒呢！臺灣，則是在民國七０年代間，已經可以在臺北的建國花市裏見到零星的販賣；現今，也已經視其為普遍性的花草類了。

　　速生槐葉蘋也是一種形態十分特別的漂浮性水生植物，葉子是三葉輪生的，其中的兩片為浮水葉，青綠色至綠色，表面密被許多的毛 （在上表面的毛則為四根一束），使得植物體更方便藉水的表面張力以漂浮在水面上；另外一片則垂入水中，褐色

褐色的鬚狀構造，其實是槐葉蘋特化的水下葉。

槐葉蘋在臺灣的野地裏已消失殆盡了，急待復育。

至黑褐色，並且演化成濃密的鬍鬚狀，以取代了根的構造與功能。根莖細長，易斷裂，並可藉以行無性的增殖，也因此可以相當有效率與迅速地擴展生活的領域。

當然，也是有人會因為它的生長速度實在是太快了，往往佔用了太多的人力與負荷於物種的管理上，而覺得越養越厭煩，甚至最後還將之隨地「棄養」，殊不知，卻也因此造成了生態污染；一些臺灣的植物學者更是莫視著人的這種劣根性，而戲稱速生槐葉蘋為「人厭槐葉蘋」，實在是非常的不公平！

栽植速生槐葉蘋的手續，與上述的滿江紅十分雷同，只是選擇的器皿要比較大而且深。除了擺放位置的光線要充足，水的補充與更換則要比滿江紅頻繁許多；因為，速生槐葉蘋的耗水量比較大，而且更喜歡乾淨的水質。此外，定期清除老化的植物殘骸，適度地移除增殖過剩的植物體，也都是維持一缸速生槐葉蘋觀賞價值的重要管理原則。至於老化與過剩的植物體，則可以拿來鋪在盆土的上方，以

速生槐葉蘋孢子囊果是成串著生的

增加盆土的保濕效果，或混入盆栽用土中作為天然綠肥。入秋時，速生槐葉蘋的長勢會變得遲緩，水上葉的顏色也會變得黃綠，都是正常的生理反應；孢子囊果也是在此時節裏大量出

現，成串地著生於水下葉的基部。

其實，在臺灣的自然棲地裏，原本就有一種與速生槐葉蘋長得十分類似的野草，就叫做槐葉蘋（*Salvania natans* (L.) All.）；它原本是臺灣低地水域裏的常見植物，如今，則早已經因爲水污染情況的嚴重而數量銳減，許多地方甚至已經不再尋獲了。

關於這兩種槐葉蘋的差異：一者在於外觀形態，速生槐葉蘋的水上葉大且方，邊緣並常呈波浪緣，槐葉蘋的水上葉較小且爲長方形，邊緣亦多平展；再者在於水上葉上表面四根一束的毛的形態，速生槐葉蘋成束的毛的前端爲內曲狀甚至接合，槐葉蘋的則是外張的；三者，速生槐葉蘋的孢子囊果在水下葉的基部是呈如葡萄般的長串的形態，而槐葉蘋的孢子囊果則是集生在水下葉的基部而已。只要稍加注意，是不難區分兩者的。

不過，教人感到憂心忡忡的是，速生槐葉蘋不但已經無聲無息地入侵了本土的生態系，在許多的地區，甚且已經有取代槐葉蘋生態地位的事實。所以，這「放生」或「棄養」的事實，實在不是一句「人厭」就可以教育與愚民的，賠上的除了本土的自然生態之外，尚且還包括了本土物種的生存空間。

除了是絕佳的天然綠肥之外，槐葉蘋家族中的大多數成員，也都可以是許多水族類如魚、龜、鱉等，以及鴨、鵝、豬、羊等的天然食

速生槐葉蘋頗受家庭園藝的喜愛，叫他做人厭槐葉蘋，實在有失公平

物。所以，如果考慮拿它來綠化水域時，就得先篩選水域裏所要養的魚種；否則，槐葉蘋的族群在還來不及蔚成美景之際，可能早就已經被池子裏的錦鯉、草魚、血鸚鵡、各種的金魚等等給吃個精光了呢！

僧帽葉槐葉蘋（*Salvinia cucullata* Roxb. ex Bory.）

這是東南亞一帶頗為普遍的一種漂浮性蕨類植物，也是槐葉蘋家族造型最有趣的一員；發育初期的水上葉與一般的槐葉蘋相似，都是平展於水面之上的；當水域面積已為植株大量被覆，新生的水上葉在形態上會有極大的變化，葉緣上舉而呈杯狀，使得水上葉的外觀像極了翻倒了的僧帽一般，於是有了「僧帽葉槐葉蘋」這樣的稱謂。臺灣，大概是在民國八十六年的夏季，在臺北市的建國花市裏，已經可以在某些特定的販售攤上見到其商品化了。

僧帽葉槐葉蘋的栽培與管理，與一般的槐葉蘋一樣，是十分簡單的；只是，在天氣變得又冷又涼的秋冬時分，它的長勢會轉為遲緩，植物體的顏色也會顯得黃綠些。孢子囊果多是在秋冬時節裏產生，會出現在葉腋處。為了讓新一季的僧帽葉槐葉蘋增生快速，當新一季溫暖的春夏時分來臨之初，便應該酌量施加水溶性的追肥，並且最好能將已老化的植物部分移除藉以空出水面，一者可以有效地促進植株的增生，一者乃能有利於植株恢復旺盛生機的族群擴展。短時間裏，這一盆的僧帽葉槐葉蘋又會回復應有的青綠與可愛。

僧帽葉槐葉蘋發育初期的形態

僧帽葉槐葉蘋鬚狀的水下葉短且肥

僧帽葉槐葉蘋繁衍整個水域後的成熟形態

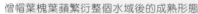

滿江紅是一種繁衍快速的水生蕨類植物

　　浮萍應該是水田最普遍的漂浮型水草了，也經常與滿江紅競爭著有限的水面。所以，水面上的這一片綠，往往還是浮萍與滿江紅的共同傑作呢！

　　仔細地瞧瞧手上的這一堆浮萍，形態的差異還真是大，顯然的，這一堆浮萍裏頭的植物是不只一種的。

浮萍兒

浮萍科(Lemmaceae)

在臺灣境內的各處水田裏，這些被稱做是浮萍的常見野綠，只要仔細地分辨，應該可以發現至少有三個種，即：

青萍（*Lemma perpusilla* Torr.）

水萍（*Spirodela polyrhiza* (L.) Schleid.）

紫萍（*Spirodela punctata* (G. F. W. Meyer) Thom.

都是隸屬於浮萍科(Lemmaceae)；其中的水萍，應該是臺灣自然棲地中最大型的浮萍了。

這一類漂浮在水面上的浮萍兒，往往見到的都是一片片葉狀體的堆擠，甚至紮實地覆蓋著整個的水面，當然，莖枝就顯得不那麼重要，甚至根本就消失了；因此，分辨不同的浮萍，葉狀體的性狀就成了主要了。

要區分臺灣常見的這幾種浮萍並不難，簡單的性狀辨識簡索如下：

1、葉狀體的正反兩面都是綠色的———————青萍

1、葉狀體的正面是綠色，反面則是紫色的————2

　2、葉狀體橢圓形至倒卵形，長度平均為0.5公分；上表面中央有明顯的稜脊，下表面有根2－4條————紫萍

　2、葉狀體圓形至倒卵圓形，長度平均為0.8公分；上表面中央無稜脊，下表面有根5－12條———————水萍

這些相當常見於一般的水稻田與溝渠之間的浮萍，因為非常容易自行斷裂並增生，所以，以一般大小的水田為例，

往往只需要短短個把月的時間，浮萍就可以完全地將水面給覆蓋了。

有趣的是，在農忙的時節裏，水萍不但不會造成農夫們的負擔，反而還是農夫樂見的自然幫手；這是因為浮萍可以庇護許多浮遊性藻類的孳長，而這些浮遊性藻類又因為具有高效率的固氮作用，間接與直接地都可以促進水中農作物的成長；其次，過量孳生的浮萍還可以是農家家禽與漁業的天然飼料，可以補充人工飼料所不足的天然營養素呢！於是，浮萍與農忙之間，存在著的可是相輔的關係喔！

浮萍並不喜歡低溫的氣候，所以，一到了秋冬時節，特別是秋收的這一季，這些浮萍的葉狀體總是會快速地萎黃、消退，而以大量沉入水下的休眠芽體準備越冬；當然，隨著水田的水被漸漸放流，浮萍葉狀體腐朽後產生的有機質也會回歸到水下的濕泥中，並有效地增加了泥灣的養分。自然地，當水稻收割、水田轉作，新的農作物又可以有新的天然養分的滋養了。

這片水域為兩種浮萍所披覆，體形大而圓的是水萍，體形小且橢圓的是青萍

除了有助於農產之外，不同的浮萍還具有不同的藥理，在中醫藥的應用，亦存在著不同的實用價值。青萍全草具有清熱、解毒、祛風、發汗、利尿、消腫等功效，常用在治療發熱無汗的感冒、小便不利、水毒症、蕁麻

疹、斑疹、皮膚騷癢、燙火傷等；將之燃燒生煙，則可驅蚊蟲。水萍全草具有發汗、袪風、清熱、利水氣、解毒等功效，常用在治療時令型的熱病、急性腎炎、風疹、斑疹、皮膚騷癢、瘡癬、丹毒水腫、風濕麻痺、腳氣、目赤、吐血、中風嘴斜、燙傷等；外用，則可以治療大腸脫肛、汗斑、粉刺，也可以燃燒生煙以驅蚊蟲。紫萍全草具有發汗、袪風、清熱、利濕、解毒等功效，常用在治療發熱無汗的感冒、腎臟炎、小便不利、風熱癮疹、熱渴煩躁、流鼻血等。在民間的傳統裏，這些浮萍可都是經濟又實惠的青草藥呢！

水萍的背面是紫色的，紫萍背面雖然也是紫色，體形卻如青萍一般，兩者還是很容易區分的。

最小的浮萍兒與最有趣的浮萍兒

蚤萍（*Wolffia arrhiza* (L.) Wimmer）

是臺灣自然生態裏最小的維管束植物，也是浮萍家族裏最微小的精靈。葉狀體倒卵形至廣橢圓形，平均長度不足0.1公分，下表面不具根，於是又有「無根萍」的別稱。

或許因為植株過於細小，於是，經常得不到人們的注意與重視，也使得其歷史記錄的資訊未臻完善，更經常被誤以為是瀕臨絕滅的物種。實際上，蚤萍在臺灣的分佈相當廣泛，除了北臺灣以外，在中臺灣、南臺灣與東臺灣的許多內陸水域與河岸生態裏，都不難尋獲其大量的族群。

蚤萍是典型的一年生植物，春、夏季裏繁盛非常，秋、冬時節則自生育地消退無蹤；喜歡漂浮在乾淨的水域間，也可以在河床的濕泥地間繁衍成片；無性的分裂增殖速率快，可以是單純的族群蔚然普遍，可能是伴生在其他漂浮植物之間。

品萍（*Lemma trisulca* L.）

是臺灣自然生態裏造型最有趣也是最具潔癖的浮萍，不過，它卻是懸浮至沉水型的植物，而不若一般浮萍行漂浮的生活。世界地理的分佈為爪哇，以及菲律賓至日本一帶；臺灣原始的記錄，則僅有宜蘭縣一地。

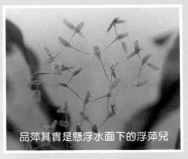
品萍其實是懸浮水面下的浮萍兒

植物體由多數的葉狀體與纖細的枝狀體所構成。葉狀體長橢圓形至狹窄的三角形，邊緣處呈半透明狀，彼此間藉由纖細且畢

斷的枝狀體相互連結而呈多分歧的長鍊狀；由於經常是每三片葉
狀體相近集結一處，宛如個「品」字一般，於是有了「品萍」這
樣的名字。

　　品萍是一種對水質乾淨度甚為敏銳的水生植物，這也使得其
無法再在水質污染日益嚴重的臺灣自然生態裏自在地繁衍，野生
族群亦已嚴重縮減，目前已知的產地除了宜蘭縣以外，還有屏東
縣境的極少數埤塘；可惜的是，數量都不是很豐多。因此，品萍
仍是急待保育的物種。

圖中丁點大的青綠色
小玩意就是蚤萍

在淨潔的水中，品萍也可以繁衍成片的。

　　手兒輕輕地撥弄漣漪，也讓沾附著的這些綠意重回自然的懷
抱。順著水的流痕，目送著不懂驚嚇的生命，依著過注的波瀾，緩
緩地再續生命的汀程。

　　風兒又輕輕的催促了，於是，信步地離開了這一池的生意。在
田埂的那一頭，一個熟悉身影倏然地隨風搖曳著，原來是非洲鳳仙
花；曾幾何時，這原來都是鄰家花園裏嬌生慣養的嫣紅，竟已然是
荒郊野嶺裏普遍的芳華了。

非洲鳳仙花

Impatiens walleriana Hook. f.

鳳仙花科(Balsaminaceae)

　　生命的出路確實有著太多的驚奇，生活的韌度也存在著不可預期的轉圜。當初，或許只是為了產業道路兩旁的裝飾，或許只是為了鄉鎮綠化的簡單藉口；於是，成活容易的非洲鳳仙花遍植於近郊城廓與鄉野，也同時打開了非洲鳳仙花自由於臺灣生態的行旅。強健的適應力與種子高度的萌發率，更讓非洲鳳仙花輕易地融入臺灣的生態、成功地歸化於臺灣的自然中。

　　非洲鳳仙花是原產於熱帶非洲高原的野綠，花色鮮明且色澤多樣，長久以來，早已經為歐美園藝所津津樂道；由於生性強健且栽培容易，加以植株低矮、分枝多數而易於管理，於是，廣受到一般民眾的喜愛。

　　在臺灣，非洲鳳仙花也是很受歡迎的大眾化草本花卉，近年來更因為園藝技術的介入，花色於是更見豐富，有單色系的，有雜色系的，有單瓣品種，有重瓣品種；一年四季，在一般的花卉市場裏，都是嬌美的遊客焦點。遺憾的是，儘管花色如此繁多，就是不見黃色花系的非洲鳳仙花。

　　非洲鳳仙花喜歡溫暖的氣候，卻不耐燥熱的環境；所以，最好能避免日光的直射，一般說來，最適當的栽培場所是通風涼爽的半日照處。在臺灣，秋季至夏初是非洲鳳仙花最豔麗的時節，盛夏時分與寒流颼颼的季節則是非洲鳳仙花蕭條的片刻，往往容易大量落葉與掉花。關於栽培

曾幾何時，非洲鳳仙花已經佔領了臺灣的山野。

的土壤，只要是排水性佳者皆可以使用，選擇性很廣泛。

　　種植非洲鳳仙花通常是以種子育苗，也可以利用扦插枝條來繁殖，後者是保持品種最容易的方法，成活率也很高；切取帶有多數嫩芽的枝條，每段約 10公分，直接扦插於以砂做基質的育苗床，置於半日照處，採用盆底吸濕方式，保持供水無

虞，約經一週便會開始生根，待新葉大量發生便可以進行定植。可以做花壇植被，可以做盆花與吊缽；只要各種花色搭配得宜，都可以是庭院裏或陽台上惹人注目的焦點。

非洲鳳仙花的果實很容易產生

花色鮮明且多樣，是非洲鳳仙花
備受喜愛的原因之一。

馴化與歸化

　　一種生物，不論是動物或是植物，可能因為自然的遷徙或擴散，可能因為人為的引進與篆養；該物種對於新環境或不同的氣候的適應，都會有不同的程度反應。

　　如若該物種在這個新環境中，只是可以生活的十分良好，卻不能自然地完成其完整的生活史，那就只是達到「馴化」的程度而已；如若該物種在新環境中，不但可以生活的十分良好，且可以自然地完成其完整的生活史，並能夠有效地繁衍具有健全繁殖能力的下一代，那就已經是「歸化」了。

　　譬如原產於南美洲的布袋蓮，雖然在臺灣的河口水域繁衍泛濫，卻多只是個體斷裂的無性增生機制而已，鮮少有種子的生成；所以，布袋蓮在臺灣的生活史是不完整的。充其量，布袋蓮只是馴化於臺灣的自然環境中。譬如原產於西歐的毛地黃，在臺灣的中海拔地區也是處處教人驚豔不已；而且，它不但年年果實累累，更可以藉著果實內多量種子的散播，有效地擴散生活的領域。所以，毛地黃在臺灣的生活史不只是非常完整，還能夠有效地繁衍具有健全繁殖能力的下一代，是已經歸化於臺灣自然生態的一員。

海芋雖是聲名籍籍，卻只是適應臺灣的環境而已，猶不能結出種子自由地繁衍下一代，只是馴化於臺灣的氣候而已。

毛地黃其實是一種強心
劑的原料

毛地黃在臺灣的中海拔
山區，已然可以自主地
代代生息並擴張生活領
域，是已經歸化於臺灣
的外來物種。

心情記事

鳳仙花可以充作染指甲的染料，俗稱
做「指甲紅」。

 **鳳仙花** *Impatiens balsamina* Linn.

鳳仙花科(Balsaminaceae)

　　認識了非洲鳳仙花,自然地,早在中國民間流傳久遠的「鳳仙花」就更該知道嘍!

　　鳳仙花,早在我國的唐朝時期,就經常被應用在做指甲油的顏料上;時至今日,在臺灣的鄉間與農家,仍有許多姑娘家與小孩童將它把玩在纖纖十指間。所以,它總是被戲稱做「指甲紅」。

　　在臺灣,這種原產於中國大陸與印度的草本花卉,其栽培的歷史也是相當久遠的;早在西元1661年間,便自中國大陸的華南地區引進臺灣種植了。因為生性強健,鳳仙花其實早就歸化在臺灣的鄉間綠地,只是隨著近代文明的高度開發,鄉間綠地急遽轉作成了建築工地,野生的鳳仙花族群也跟著式微了。

　　在家庭園藝方面,栽培容易的鳳仙花還是頗受歡迎的夏季花卉,繁殖的方法一般都是採用種子播種的,種子發芽容易,只是種苗卻不喜移植;於是,大多是直接播種於小盆中育苗,待苗株發育壯碩後再行定植作業。栽培的竅門在於一、選擇富含有機質又排水良好的壞土,如市售的綜合有機培養土等;二、不可以種植過密,植株容易徒長且開花不良;三、種植的環境日照情況要良好,如此,即使一天只接受二至三個鐘頭的日照,植株仍能正常開花的;四、水的供給要充足,特別是夏天,一旦植物因為過於乾燥而失水,其後的長勢都會不良的。花期約莫是始於六月,仲夏是盛花期,花色有紅、粉紅、桃紅、紫、白等等,品種則有單瓣與重瓣之分。

鳳仙花的果實具有很有趣的「行為」，就是當果實成熟時，它會鼓脹成圓球狀，一旦觸摸到這些成熟的圓球狀果實，它的果皮便會立刻裂開且反捲起來，同時，將內部成熟的種子迅速彈射迸出，以達遠距播散種子的目的。這正是鳳仙花家族教人醒目的種子傳播機制，就是非洲鳳仙花也是一樣的。

　　賞花之餘，鳳仙花也是中國醫藥上常見的一種藥材，具有止痛、消炎、活血、袪風等功效；在風濕腫痛、跌打損傷、腳氣腫脹、水腫、潰瘍、灰指甲等等的中醫藥處方箋中，便經常會有鳳仙花這味藥材。

　　鳳仙花這個家族成員還有一個特色，就是在它們的花萼上，通常會有一枚會特化成花距，花距內藏有蜜腺，可藉以誘引昆蟲前來花間活動，同時，也可以有效地幫助鳳仙花達成受粉的終極目標。

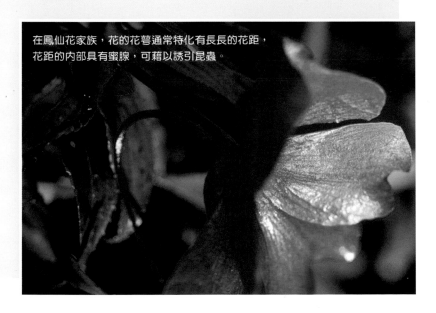

在鳳仙花家族，花的花萼通常特化有長長的花距，
花距的內部具有蜜腺，可藉以誘引昆蟲。

這是盛開的臺灣高山薔薇，花朵中央呈放射狀環
列的黃色絲狀構造，正是花蕊中的雄蕊。

花的觀察

　　在普通植物學的領域裏，通常依花兒所擁有的構造，會將花
分成完全花與不完全花兩大類別。一朵完全花由做外圍至中心部
位，應該要包括四個構造：即花萼、花瓣，雄蕊，以及雌蕊。一
朵花如果欠缺了完全花的任何一項必須的構造，就會被歸入不完
全花的一類。

花萼

　　是一朵花最外圍的構造。花在還未完全成熟時，花瓣便是包
裹在花萼內，並由花萼負責保護的責任。花萼通常都是綠色的，
會進行光合作用，可以補充該花朵兒發育過程中所需的養分。

花瓣

　　算是花朵第二輪的構造，緊臨著花萼，通常都是花朵最顯眼
的部份。一般說來，花瓣的色澤鮮艷或是造型特殊，目的多是在
吸引動物們的注意，以期這些動物們能夠幫助它完成傳宗接代的
任務。

雄蕊

　　大多是花的第三輪構造。是由細長的花絲頂著花藥所組成，花藥又由花粉囊組成，花粉囊內藏著極多數細末狀的花粉，是花兒雄性基因的來源。

雌蕊

　　位於花朵的中心，由基部以至頂端，可以被區分成子房、花柱，以及柱頭三部份。子房通常膨大，內含有花兒雌性基因的來源，柱頭經常會分泌黏質的液體以利於花粉的沾粘。

吊鐘花是完全花，當花萼張開，花瓣於是亮出嬌豔色彩，花蕊也得以伸出花瓣之外。

綻放的桔梗，花朵正中央的白色十字是雌蕊的柱頭，會分泌黏質液體以利於花粉的沾粘。

花瓣是花朵最醒目的部分，圖中為三色堇。

賦歸

遊子嗎？移民嗎？終究會期待重回故鄉的風月；

順道嗎？過客嗎？終究要回到出發的原點。

馴化或歸化，對一個外來的物種而言，都是無奈的；

競爭與融合，對所有本土的物種來說，都是外加的。

面對無言的生命，面對不能自主遊移的綠意，

要思慮的不應該只是「我」的要不要，

應該要多站在弱勢的綠色的生命的立場想一想……

數著一株株的非洲鳳仙花，數著一抹抹的豔；不經意的風，卻掀起了我在意的思緒。多年以來，總是只爲著眼前的紫？嫣紅叫好，卻同時忽視了這抹紅豔紫嬌背後所掩蓋的眞相……

其實，一個不經意的動作，可能讓一個應該的未來有了重大的改變。固然不必追究非洲鳳仙花的第一顆種子是怎麼翹家的，卻必須謹愼地思考，一個「全新」的外來物種會對「既有」的原生物種帶來什麼樣的衝擊。所以，不應該只看到荒山與野嶺確實增加了紅顏，也必須去調查原有的生態裏是否有少了什麼！

事實上，由於人們無知地棄養的行爲與習慣，許多外來物種早已經或馴化、或歸化於臺灣各處自然生態的角落裏，也同時對本土性的生物造成了生存上的衝擊與威脅……

風，突然地就停了；纖細的清涼，毫無預警地就上飄了臉頰；是夜露嗎？時間應該不對！是雨嗎？天色也確實是暗淡了。再看看非洲鳳仙花一眼，也是辭別的時候了。

雨，突然地下了，不大，卻讓人心痛；心痛的是原生物種的悲歌還是只有少數人在聽，只有少數人才在聽……

大瀧末男、石戶　忠。１９８０。日本水生植物圖鑑。北隆館，日本。

鄭元春。１９８０。台灣的常見野花（一）。渡假出版社有限公司。

戴新民(發行人)。１９８１。中國藥材學，第三版。啓業書局。

楊再義。１９８２。臺灣植物名彙。天然書社有限公司。

鄭元春。１９８４。台灣的常見野花（二）。渡假出版社有限公司。

鄭元春(審訂)。１９８６。園藝栽培入門１～５。婦幼出版社。

黃淑芳、楊國禎。１９９１。夢幻湖傳奇－－臺灣水韭的一生。陽明山國家公園。

張憲昌。１９９１。藥草（一）。渡假出版社有限公司。

角野康郎。１９９４。日本水草圖鑑。文一總合出版株式會社，日本。

張憲昌。１９９５。藥草（二）。渡假出版社有限公司。

林仲剛。１９９６。臺灣蕨類植物的認識與園藝應用，二版。國立自然科學博物館。

呂勝由、郭城孟。１９９６－２００１。臺灣稀有及瀕危植物之分級彩色圖鑑（Ⅰ～ⅤⅠ）。行政院農業委員會。

李松柏。１９９９。臺中縣的濕地與水生植物。臺中縣自然生態保育協會。

黃朝慶、李松柏。1999。臺灣珍稀水生植物。牛罵頭文化協進會。

林春吉。2000。臺灣水生植物類(1) 自然觀察圖鑑。田野影像出版社。

楊遠波、顏聖紘、林仲剛。2001。臺灣水生植物圖誌。行政院農業委員會。

Editorial Committee of the Flora of Taiwan, 1975~1978. Flora of Taiwan, 1st. Epoch Publishing Co., Ltd. Taiwan, ROC.

Foster F.G., 1993. Ferns. Timber Press, Inc., Oregon.

Philip Swindells, 1993. Water Gardening. Octopus Publishing Group Ltd. London.

Editorial Committee of the Flora of Taiwan, 1994~2003. Flora of Taiwan, 2nd. National Taiwan University, Taiwan, ROC.

Christopher D.K. Cook, 1996. Aquatic and Wetland Plants of India. Oxford University Perss, New York.

Helen Nash, 1998. Aquatic Plants & Their Cultivation. Sterling Publishing Co., Inc., New York.

Helen Nash, 1999. Plants for Water Gardens. Sterling Publishing Co., Inc., New York.

中文索引 （依筆劃順序排列）

綠
野
芳
蹤

140

綠
野
芳
蹤

142

主要植物圖片索引

昭和草 9

野莧菜 15

鬼針 21

蒼耳 27

紫莖牛膝 29

土人參 35

馬齒莧 39

紫花酢漿草 45

箭葉鳳尾蕨 49

榕 樹 55　　瓶爾小草 59　　綬 草 63

蘋 67　　鱧 腸 73　　半邊蓮 77

水豬母乳 83　　紫蘇草 87　　仙 草 91

水蕨 95

過溝菜蕨 101

滿江紅 107

槐葉蘋 111

浮萍兒 117

非洲鳳仙花 123

鳳仙花 129

植物館 1

綠野芳蹤—野綠的實用扎記

(Z001)

作者：林仲剛

攝影/繪圖：林仲剛

出版者：文興出版事業有限公司

地址：407臺中市漢口路2段231號

電話：(04)23160278 傳真：(04)23124123

E-mail：wenhsin.press@msa.hinet.net

發行人：洪心容

總編輯：黃世勳

責任編輯：吳適意、黃如君

執行監製：賀曉帆

美術編輯：林士民

封面設計：林士民

印刷：威文彩色印刷股份有限公司

地址：408臺中市工業區23路2-1號

電話：(04)23586977

總經銷：紅螞蟻圖書有限公司

地址：114臺北市內湖區舊宗路2段121巷28號4樓

電話：(02)27953656 傳真：(02)27954100

初版：西元2005年5月

定價：新臺幣300元整

ISBN：986-80743-9-8（平裝）

郵政劃撥

戶名：文興出版事業有限公司 帳號：22539747

國家圖書館出版品預行編目資料

綠野芳蹤：野綠的實用札記 ／ 林仲剛編著. -- 初版.
-- 臺中市：文興出版，2005〔民94〕
面； 公分. --（植物館；1）
參考書目：面
ISBN 986-80743-9-8（平裝）
1. 植物 － 通俗作品
370   94005874